高新技术及其装备
维修保障应用研究

啜向前 著

国防工业出版社

·北京·

内 容 简 介

本书围绕高新技术及其装备维修保障应用这一核心主题，全面系统地研究了高新技术发展的最新情况，详细介绍了人工智能技术、大数据技术、物联网技术、云计算技术、区块链技术、5G 技术、3D 和 4D 打印技术、虚拟现实技术、量子技术、新材料技术、新能源技术及生物技术的基本概念、主要特征、技术构成及发展趋势等，重点分析了其在装备保障领域的应用优势，剖析了其对装备维修保障的深刻影响，总结了特点规律，形成了基本认识，并对未来发展进行了预测。本书内容新颖、分析透彻、专业特色突出，具有很强的前瞻性、针对性和指导性。

本书既可用作军事装备学相关专业研究生选修和自修教材，也可为从事装备维修保障领域理论研究的科研工作者和一线工作人员提供参考借鉴。

图书在版编目(CIP)数据

高新技术及其装备维修保障应用研究/啜向前著.
—北京:国防工业出版社,2023.2
ISBN 978 – 7 – 118 – 12905 – 2

Ⅰ.①高… Ⅱ.①啜… Ⅲ.①高技术 – 应用 – 军事装备 – 后勤保障 – 研究 Ⅳ.①E145.6 – 39

中国国家版本馆 CIP 数据核字(2023)第 060583 号

※

国防工业出版社出版发行
(北京市海淀区紫竹院南路 23 号 邮政编码 100048)
三河市众誉天成印务有限公司印刷
新华书店经售

*

开本 710 × 1000 1/16 印张 13 字数 236 千字
2023 年 2 月第 1 版第 1 次印刷 印数 1—2000 册 定价 78.00 元

(本书如有印装错误,我社负责调换)

国防书店:(010)88540777 书店传真:(010)88540776
发行业务:(010)88540717 发行传真:(010)88540762

前　言

科学技术是军事发展中最活跃、最具革命性的因素，是军事变革的先导。每一次重大科技进步和创新都会引起战争形态与作战方式的深刻变革，历史一再证明了这一客观规律。

近代科学技术的发展，曾引起工业革命和经济的大发展，导致战争形态和保障方式的巨大变革。进入信息化时代以来，科学技术的发展更加迅猛，各种新兴技术不断涌现，以人工智能技术、大数据技术、物联网技术、区块链技术、5G技术、新材料技术、新能源技术、生物技术等为代表的高新技术的应用，使现代武器装备与传统装备相比有了革命性的变化，这种变化的深度和广度大大超过了历史上的任何时期。高新技术对军事装备的影响，主要表现在两个方面：一是高新技术促使经济发展和军队武器装备改进，导致作战样式的变革，间接地引起装备保障对象、内容、环境、方式和指导原则的变化；二是高新技术直接应用于军事装备领域，引起装备保障手段的改进，不断改善装备要素的质量，从而能够产生更强的装备保障能力。高新技术与作战装备的发展相同步已成为各国军队的共识，同时，作战装备的发展和作战样式的变革对装备维修保障提出了更高的要求，先进、科学、高效的高新技术在装备维修保障领域的应用，是确保与高新技术作战装备相匹配，提升装备维修保障效能，顺利实施装备维修保障的重要保证。

在我军加快建设世界一流军队，实现强军目标的时代背景下，军事装备保障尤其是装备维修保障作为其不可或缺的重要方面，必然加速推进和持续深化。高新技术应用涉及维修力量、维修方式、维修效能等方面的理论体系、技术手段，以及组织体制等方面的变革和发展，已经成为装备维修保障研究和改革的重点。本书从高新技术基本情况入手，分析了其在装备保障领域的主要特点与优势，探讨了其对装备维修保障的影响，并结合装备维修保障实践,探讨了深化高新技术在装备维修保障领域应用创新的对策措施。旨在通过跟踪研究世界军事强国高新科技发展态势,厘清发展方向和发展模式,形成具有参考使用价值的研究成果,希冀能为实现创新超越提供有力的科技信息支撑。

由于高新技术发展日新月异,加之本人研究能力所限,书中疏漏与不妥之处在所难免,恳请广大读者不吝赐教。同时,本书在编写过程中得到了国防大学联合勤务学院联合装备保障系、联合勤务训练中心等多位专家教授的精心赐教和指导,吸纳参考了一些军内外同行学者的研究成果,因为数量众多,来源甚广,未能逐一标明出处,谨在此一并表示诚挚谢意!

编 者

2022 年 6 月

目　　录

第一章　概述 …………………………………………………… 1
第一节　有关概念和相互关系 ………………………………… 1
一、有关概念 ………………………………………………… 1
二、相互关系 ………………………………………………… 4
第二节　高新技术及其装备维修保障应用的对象、方法和意义 ……… 6
一、研究对象 ………………………………………………… 6
二、研究方法 ………………………………………………… 8
三、研究意义 ………………………………………………… 10

第二章　高新技术及其装备维修保障应用的特点与需求 ……… 13
第一节　高新技术及其装备维修保障应用的主要特点 ………… 13
一、高新技术的特点 ………………………………………… 13
二、装备维修保障的特点 …………………………………… 16
三、高新技术及其装备维修保障应用的特点 ……………… 17
第二节　装备维修保障对高新技术应用的需求 ………………… 19
一、提升装备维修保障能力的需要 ………………………… 19
二、适应武器装备建设发展的需要 ………………………… 20
三、提高装备维修保障效益的需要 ………………………… 21
四、延长装备使用周期寿命的需要 ………………………… 21
五、实现维修保障跨越发展的需要 ………………………… 22

第三章　人工智能技术及其装备维修保障应用 ………………… 23
第一节　人工智能技术综述 ……………………………………… 23
一、基本概念 ………………………………………………… 23
二、发展概述 ………………………………………………… 26

        三、关键技术 …………………………………………………… 27
    第二节 人工智能技术在装备保障领域的优势 ………………… 28
        一、研发智能武器装备 ………………………………………… 29
        二、辅助装备保障决策 ………………………………………… 29
        三、实现精准装备保障 ………………………………………… 30
        四、高效处理保障数据 ………………………………………… 30
    第三节 人工智能技术对装备维修保障的影响 ………………… 30
        一、催生智能化装备维修保障理念 …………………………… 31
        二、提高装备维修保障的整体能力 …………………………… 31
        三、改变装备维修保障力量结构 ……………………………… 32
        四、丰富装备维修保障训练手段 ……………………………… 32
        五、引领装备维修保障方式变革 ……………………………… 33
        六、实现装备维修保障无人化 ………………………………… 34

第四章 大数据技术及其装备维修保障应用 …………………………… 35
    第一节 大数据技术综述 …………………………………………… 35
        一、基本概念 …………………………………………………… 35
        二、主要特征 …………………………………………………… 36
        三、关键技术 …………………………………………………… 37
        四、发展趋势 …………………………………………………… 41
    第二节 大数据技术在装备保障领域的优势 …………………… 42
        一、实现装备保障信息感应感知 ……………………………… 42
        二、优化装备保障组织指挥决策 ……………………………… 42
        三、助力实现装备保障精确计算 ……………………………… 43
        四、高效支撑装备保障教育训练 ……………………………… 44
        五、科学提高装备保障管理水平 ……………………………… 44
    第三节 大数据技术对装备维修保障的影响 …………………… 45
        一、为装备维修保障决策提供依据 …………………………… 45
        二、为装备维修保障计算提供支撑 …………………………… 46
        三、为维修力量整合提供信息平台 …………………………… 47

　　　　四、为保障能力生成提供方法途径 …………………………………… 47
　　　　五、为装备状态提供动态评估监测 …………………………………… 48

第五章　物联网技术及其装备维修保障应用 ………………………………… 49
　　第一节　物联网技术综述 …………………………………………………… 49
　　　　一、基本概念 …………………………………………………………… 49
　　　　二、主要特征 …………………………………………………………… 50
　　　　三、关键技术 …………………………………………………………… 51
　　　　四、发展趋势 …………………………………………………………… 58
　　第二节　物联网技术在军事装备保障领域的优势 ………………………… 58
　　　　一、优化装备保障指挥流程 …………………………………………… 59
　　　　二、实现全资产可视化管理 …………………………………………… 59
　　　　三、实时感知战场装备态势 …………………………………………… 60
　　　　四、助力武器装备智能发展 …………………………………………… 60
　　第三节　物联网技术对装备维修保障的影响 ……………………………… 61
　　　　一、为维修保障体系对抗提供信息支撑 ……………………………… 61
　　　　二、为装备状态监测提供先进手段 …………………………………… 62
　　　　三、为维修器材筹储提供信息平台 …………………………………… 63
　　　　四、为提升维修保障效益注入动力 …………………………………… 65

第六章　云计算技术及其装备维修保障应用 ………………………………… 67
　　第一节　云计算技术综述 …………………………………………………… 67
　　　　一、基本概念 …………………………………………………………… 67
　　　　二、主要特征 …………………………………………………………… 68
　　　　三、类别区分 …………………………………………………………… 70
　　　　四、发展趋势 …………………………………………………………… 73
　　第二节　云计算技术在军事装备保障领域的优势 ………………………… 74
　　　　一、保障信息更加高效便捷 …………………………………………… 75
　　　　二、保障资源做到共享统管 …………………………………………… 75
　　　　三、保障协同趋于前后一体 …………………………………………… 76
　　　　四、保障需求得到个性满足 …………………………………………… 76

  五、防护能力实现大幅提升 …… 77

 第三节 云计算技术对装备维修保障的影响 …… 78

  一、实现装备维修保障作业可视 …… 78

  二、研制装备维修移动指挥平台 …… 78

  三、推进装备维修保障科学决策 …… 79

  四、提供战场装备修理信息支撑 …… 79

  五、助力装备维修保障自主协同 …… 79

第七章 区块链技术及其装备维修保障应用 …… 81

 第一节 区块链技术综述 …… 81

  一、基本概念 …… 81

  二、主要特征 …… 82

  三、基础架构 …… 84

  四、应用情况 …… 84

 第二节 区块链技术在军事装备领域的优势 …… 85

  一、构建去中心化的装备指挥信息系统 …… 85

  二、增强区块链装备信息网络防御能力 …… 86

  三、提升武器装备全寿命管理水平 …… 87

  四、优化智能型军事物流管理效率 …… 87

  五、实现军事装备信息实时共享 …… 88

 第三节 区块链技术对装备维修保障的影响 …… 88

  一、提升装备全寿命管理质量 …… 89

  二、提高装备 IETM 使用效能 …… 90

  三、推动装备测试联动更新 …… 90

  四、优化维修备件供储运物流链 …… 91

第八章 5G 技术及其装备维修保障应用 …… 93

 第一节 5G 技术综述 …… 93

  一、基本概念 …… 94

  二、主要特征 …… 95

  三、应用发展 …… 96

第二节　5G 技术在军事装备保障领域的优势 …………………… 97
一、海量终端高速形成信息全力 ………………………… 97
二、高可靠、低时延支撑分布式无人平台 …………………… 98
三、算力支撑战场快速决策 ……………………………… 98
四、网络切片支撑任务定制 ……………………………… 98

第三节　5G 技术对装备维修保障领域的影响 ………………… 99
一、引领装备维修保障的变革创新 ……………………… 99
二、推进装备维修保障向智能化转型 …………………… 99
三、提高装备维修保障信息处理能力 …………………… 100

第九章　3D 和 4D 打印技术及其装备维修保障应用 ……………… 101

第一节　3D 和 4D 打印技术综述 …………………………… 101
一、3D 打印技术概述 …………………………………… 101
二、4D 打印技术概述 …………………………………… 103

第二节　3D 和 4D 打印技术在装备保障领域的优势 ………… 107
一、在装备保障领域的技术优势 ………………………… 107
二、在装备保障领域的优势体现 ………………………… 108

第三节　3D 和 4D 打印技术对装备维修保障的影响 ………… 109
一、3D 和 4D 打印技术在装备维修保障中的具体应用 … 110
二、3D 和 4D 打印技术在装备维修保障中的应用价值 … 111

第十章　虚拟现实技术及其装备维修保障应用 …………………… 115

第一节　虚拟现实技术综述 …………………………………… 115
一、基本概念 ……………………………………………… 115
二、主要特征 ……………………………………………… 118
三、关键技术 ……………………………………………… 119

第二节　虚拟现实技术在装备保障领域的优势 ……………… 119
一、虚拟设计可以验证装备保障性能，实现装备优生 …… 120
二、模拟仿真可以真实再现训练环境，提高训练水平 …… 121
三、自主维修可以实现直接可视指导，降低保障门槛 …… 122
四、远程支援可以身临现场组织实施，提升保障效率 …… 122

第三节　虚拟现实技术对装备维修保障的影响 123
一、提升远程支援能力 124
二、提升可行性分析 124
三、提升训练质量效益 125

第十一章　量子技术及其装备维修保障应用 127
第一节　量子技术综述 127
一、基本概念 127
二、主要特征 128
三、关键技术 129
第二节　量子技术在装备保障领域的优势 129
一、量子通信技术对装备保障的影响 130
二、量子计算技术对装备保障的影响 131
三、量子精密测量技术对装备保障的影响 131
第三节　量子技术对装备维修保障的影响 132
一、极速提供装备维修保障辅助决策信息 133
二、高速海量传输处理装备维修保障信息 134
三、提高装备反侦察和防精确打击能力 134
四、推进无人智能装备战场生存能力 135

第十二章　新材料技术及其装备维修保障应用 137
第一节　新材料技术综述 137
一、基本概念 137
二、主要特征 138
三、主要类别 138
第二节　新材料技术在军事装备保障领域的优势 144
一、增强毁伤力 145
二、增强防护力 145
三、增强机动力 147
四、增强信息力 148
五、增强保障力 149

第三节　新材料技术对装备维修保障的影响 ······ 150
一、性能恢复向多功能拓展 ······ 150
二、维修材料由选择向设计延伸 ······ 151
三、材料研究由宏观向微观转型 ······ 151
四、由减材制造向增材制造发展 ······ 151

第十三章　新能源技术及其装备维修保障应用 ······ 153
第一节　新能源技术综述 ······ 153
一、基本概念 ······ 153
二、主要特征 ······ 154
三、主要类型 ······ 156
第二节　新能源技术在装备保障领域的优势 ······ 163
一、促使武器装备迅猛发展 ······ 163
二、提高武器装备动力性能 ······ 164
三、大幅提升能源保障能力 ······ 165
第三节　新能源技术对装备维修保障的影响 ······ 167
一、持续提供装备维修保障作业能量 ······ 167
二、有效降低武器装备战场战损率 ······ 167
三、拓展装备维修保障作业空间 ······ 168

第十四章　生物技术及其装备维修保障应用 ······ 169
第一节　生物技术综述 ······ 169
一、基本概念 ······ 169
二、发展概述 ······ 170
三、技术前沿 ······ 171
第二节　生物技术在军事装备保障领域的优势 ······ 174
一、生物交叉技术，全维提升作战能力 ······ 174
二、丰富保障手段，推动装备保障方式变革 ······ 176
三、促进武器装备发展，催生新的战争形态 ······ 177
第三节　生物技术对装备维修保障领域的影响 ······ 180
一、深入拓展新的研究领域 ······ 180

二、需要构建新的保障体系 …………………………………… 181
　　三、形成生物安全防范机制 …………………………………… 182

第十五章　装备维修保障高新技术应用发展趋势 …………… 183
第一节　装备维修保障高新技术应用面临的困难和制约 …… 183
　　一、战略顶层设计还不够清晰 ………………………………… 183
　　二、基础理论研究还比较薄弱 ………………………………… 184
　　三、传统观念束缚还有待突破 ………………………………… 184
　　四、技术本身还存在固有瓶颈 ………………………………… 185
　　五、风险隐患防控压力还较大 ………………………………… 185
第二节　推进装备维修保障高新技术应用的对策建议 ……… 186
　　一、准确把握装备维修高新技术应用的客观规律 …………… 186
　　二、以高新技术深入应用推动装备维修保障转型 …………… 187
　　三、把保障智能化战争作为高新技术应用的基点 …………… 188
　　四、科学规划装备维修高新技术应用的建设流程 …………… 189
　　五、依托数据采集和算法模型深化高新技术应用 …………… 189
　　六、把维修保障智能算法模型研究摆到核心位置 …………… 190
　　七、积极融入军地一体科学协调发展的重大工程 …………… 191
　　八、以科学的试验验证规避高新技术应用风险 ……………… 191
　　九、加快装备维修高新技术应用的综合配套建设 …………… 192

参考文献 ……………………………………………………………… 194

第一章 概 述

第一节 有关概念和相互关系

一、有关概念

克劳塞维茨指出:"任何理论首先必须澄清杂乱的、可以说是混淆不清的概念和观念。只有对名称和概念有了共同的理解,才可能清楚而顺利地同读者经常站在同一立足点上。如果不精确地确定它们的概念,就不可能透彻地理解它们的内在规律和相互关系。"因此,研究高新技术在装备维修保障领域的应用,首先必须对支撑这一理论的相关名词和概念有一正确的理解与认识,搞清概念的定义和相互关系,统一认识,在此基础上深刻把握科学内涵和外延,才能对高新技术装备维修保障应用有共同的认识,理解其内在的客观规律和相互关系。目前,高新技术应用在各个领域都得到高度重视和广泛应用,在军事领域,无论是前方作战还是后方保障,无论是各军兵种还是其他参战力量,都有高新技术应用的身影,对装备维修领域而言,高新技术应用更是备受关注,开展了较多的理论研究,在实践应用方面更是取得了不少成果和经验。

(一)技术

技术的最原始概念是熟练,所谓熟能生巧,巧就是技术。《史记·货殖列传》:"医方诸食技术之人,焦神极能,为重糈也。"宋陆游《老学庵笔记》卷三:"忽有一道人,亦美风表,多技术……张若水介之来谒。"清侯方域《再与贾三兄书》:"盖足下之性好新异,喜技术,作之不必果成,成之不必果用,然凡可以尝试为之者,莫不为之。"

广义地讲,技术是人类为实现社会需要而创造和发展起来的手段、方法与技能的总和。作为社会生产力的社会总体技术力量,包括工艺技巧、劳动经验、信息知识和实体工具装备,也就是整个社会的技术人才、技术设备和技术资料。法国科学家狄德罗主编的《百科全书》给技术下了一个简明的定义:"技术是为某一目的共同协作组成的各种工具和规则体系。"技术的这个定义,基本上指出了现代技术的主要特点,即目的性、社会性、多元性。

世界知识产权组织在1977年版的《供发展中国家使用的许可证贸易手册》中,给技术下的定义:"技术是制造一种产品的系统知识,所采用的一种工艺或提供的一项服务,不论这种知识是否反映在一项发明、一项外形设计、一项实用新型或者一种植物新品种,或者反映在技术情报或技能中,或者反映在专家为设计、安装、开办或维修一个工厂或为管理一个工商业企业或其活动而提供的服务或协助等方面。"这是迄今为止国际上给技术所下的最为全面和完整的定义。实际上,知识产权组织把世界上所有能带来经济效益的科学知识都定义为技术。

(二) 高新技术

高新技术(又称高科技,High-Technology)一词产生于20世纪70年代,由于高新技术本身是一个动态发展的概念,目前国内外还没有公认的定义。美国《9000词——韦氏第三版新国际英语大词典》中对高新技术的定义为:"使用包含尖端仪器的技术。"世界经济合作与发展组织(Organization for Economic Cooperation and Development,OECD)在1988年对高新技术所下的定义为"高新技术是指那些需要以充满活力和持续进步的研究和开发为基础的迅速发展和高度综合的经济部门"。日本学者认为,高新技术是以当代尖端技术和下一代科学技术为基础建立起来的技术群。我国科技成果办公室对高新技术的定义是:"高新技术是建立在综合科学研究的基础上,处于当代科技前沿的,对发展生产力、促进社会文明和增强国家实力起先导作用的新技术群。"

从中可以看出,相对于技术而言,高新技术是指那些对一个国家或一个地区的政治、经济和军事等各方面的进步产生深远的影响,并能形成产业的先进技术群,主要包括以基因工程、蛋白质工程为标志的生物技术,以光电子技术、人工智能为标志的信息技术,以超导材料、人工定向设计的新材料为标志的新材料技术,以核能技术与太阳能技术为标志的新能源技术,以航天飞机、永久太空站为标志的空间技术,以深海采掘、海水利用为标志的海洋技术六大高技术领域和12项标志技术。

(三) 军事装备保障

装备是武器装备的简称,包括三层含义:一是指"用以实施和保障军事行动的武器、武器系统和其他军事技术器材的统称";二是指"向部队或分队配发武器及其他制式军用物件的活动";随着我军装备改革的不断深入和装备工作的持续开展,"装备"形成了第三层含义,即武装力量的军事装备工作范畴与活动。军事装备保障是武装力量从武器、武器系统和军事技术器材方面保障遂行各种任务,而采取的各项保证性措施与进行的相应活动的统称,可以简称为装备保障,其含义主要包括装备保障的本质,是满足武装力量遂行各种任务需要的保障活动。装备保障的主体,是以军队装备保障力量为主,参与部队装备管理的技术人员,以及地方装备保障资源。装备保障的对象,是各种武器、武器系统和军事技术器材,以及相互联系并构成的装备体系。装备保障涉及范围广泛,已形成了结构严密、要素齐全、科技密集的整体系统,装备保障的范畴是平时、战时与装备相关的各项保证性措施及进行的相应活动。在内容上,其主要包括装备保障指挥、装备调配保障、装备技术保障、装备经费保障、部队装备管理等。在层次上,其主要包括战略装备保障、战役装备保障、战术装备保障。在军兵种上,其主要包括陆军装备保障、海军装备保障、空军装备保障、火箭军装备保障。在时间上,其主要包括平时装备保障、战时装备保障等。

(四) 装备维修保障

2011年版《中国人民解放军军语》中将保障定义为:"军队为遂行任务和满足其他需求而在有关方面组织实施的保证性和服务性的活动。按任务,分为作战保障、后勤保障、装备保障;按层次,分为战略保障、战役保障、战斗保障等。"装备维修保障作为军事装备保障的一部分,其定义为"军队为满足作战及其他任务的需要而在装备调配、维修、经费等方面组织实施的保障"。由此可以看出,装备维修保障也是装备保障的重要组成部分,装备维修保障是为使装备保持、恢复规定的技术状态或改善装备性能而对装备进行维护和修理的活动。按维修性质和目的,装备维修可分为预防性维修、修复性维修、改进性维修;按维修机构和等级,装备维修一般分为基层级维修、中继级维修、基地级维修;其内容主要包括装备维护、装备技术检查、装备技术准备、装备修理、维修器材保障等。《中国军事百科全书·军事装备保障》对装备维修保障的解释为"使装备保持和恢复到规定技术状态所进行的维护、修理等活动的统称"。

二、相互关系

为了更加准确地理解高新技术装备维修保障应用,需要对其他关联概念和相互关系进行理解定位。

(一) 科学与技术的关系

技术远比科学古老,事实上,技术史与人类史一样源远流长。科学主要表现为知识形态,科学的任务是通过回答"是什么"和"为什么"的问题,揭示自然的本质和内在规律,目的在于认识自然,科学提供物化的可能,科学上的突破称为发现,对科学的评价体现在一个"深"字,主要视其创造性、真理性,科学是不保密的,各国先进的科学研究成果都抢先公开,科学没有强烈的功利主义色彩和商业性质,不能出卖和转让。技术主要表现为物化形态,技术的任务是通过回答"做什么"和"怎么做"的问题,以满足社会生产和生活的实际需要,目的在于改造自然,技术提供物化的现实,技术上的创新称为发明,对技术的评价体现在一个"新"字,首先看是否可行,能否带来经济效益,技术都是保密的,具有明显的功利主义色彩和商业性质,能够进行出卖和转让。

由此可见,技术的发明是科学知识和经验知识的物化,使可供应用的理论和知识变成现实。现代技术的发展,离不开科学理论的指导,已在很大程度上变成了"科学的应用"。然而,现代科学的发展同样离不开技术,技术的需要往往成为科学研究的目的,而技术的发展又为科学研究提供必要的技术手段。科学与技术的关系,在现代,一方面表现为密不可分,几乎被看作同一范畴;另一方面二者的任务、目的和实现过程等不同,在其相互联系中又相对独立地发展,在它们之间是一种相互联系、相互促进、相互制约,两者是辩证统一的整体,可以预见,它们的联系还会更加密切,界限也会变得更加模糊。

(二)技术与高新技术的关系

高新技术是当代科学技术最新发展成果在技术方面的集中体现,是技术的重要构成,技术包涵高新技术,两者是局部与全局的关系。在两者的关系定位上,一是相互融入。一个新技术诞生后,可以加入原有的技术中,高新技术融入原技术体系中,如导航技术的应用,原来汽车上是没有导航技术的,但是随着导航技术的成熟和成本的降低,导航技术被广泛应用到汽车制造产业中,从这个意义上讲,高新技术可以使原有汽车技术更加先进和科学。二是部分取代。新技术能够更好地实现原有目标,加入新技术的利大于弊,新技术就必然会取代部分的老技术,更加高效安全地实现目标,如在制造产业,原来的人力劳动不断地被自动化机器取代,人力会被解放出来,很多原先需要人完成的流水线都已经被机器替换。三是全部取代。新技术取代原有技术,新技术持续发展,而原有技术则逐渐丧失,这种全面取代,对于原有技术来说,往往是毁灭性的,具有代表性的,移动通信中的 BP 机,由于移动手机的出现和快速普及,BP 机已经被人类彻底抛弃。

(三)高新技术应用潜力与装备维修保障能力的关系

潜力是指潜在的尚未发挥出来的力量,能力是指完成一项目标或者任务所体现出来的综合能力。潜力和能力是两个不同的概念,两者之间既有联系又有本质的区别,潜力可以转化为能力,能力的提升又可以积淀潜力。高新技术潜力,是指高新技术基于本身具备的技术优势,尚未发挥出来的潜在力量。例如,我国国家社会领域中的某些先进的高新技术,虽然不是直接的装备维修保障能力,但通过战时和平时的动员体制机制,将蕴藏在社会经济中的技术力量资源,转化为装备维修保障能力。装备维修保障能力是以装备维修保障技术潜力为基础的,不完全等同于维修保障潜力,只有经过高效的战备动员转换机制和规范训练演练,才能使潜力最大可能地转化为能力。

第二节 高新技术及其装备维修保障应用的对象、方法和意义

一、研究对象

(一)高新技术领域范畴

一是信息技术。信息技术是六大高新技术的前导,主要是指信息的获取、传递、处理等技术。信息技术以电子技术为基础,包括通信技术、自动化技术、微电子技术、光电子技术、光导技术、计算机技术和人工智能技术等。二是生物技术。生物技术是以生命科学为基础,利用生物体和工程原理等生产制品的综合性技术,包括基因工程、细胞工程、酶工程、微生物工程4个领域。生物技术是21世纪技术的核心,它有基因工程和蛋白质工程,两个标志性技术。生物技术不仅在农业和医学领域得到广泛的应用,而且对环保、能源技术等都有很强的渗透力。三是新材料技术。新材料主要是指最近发展或正在发展之中的具有比传统材料更优异性能的一类材料。新材料技术是高新技术的物质基础,包括对超导材料、高温材料、人工合成材料、陶瓷材料、非晶态材料、单晶材料等的开发和利用。它有两个标志:一个是材料设计或分子设计,即根据需要来设计新材料;另一个是超导技术。四是新能源技术。能源是人类生存和发展的基本保障。现代的新能源技术按照其创新性和是否能够再生或连续使用的性质可划分为新能源技术和可再生能源技术。新能源技术与可再生能源技术主要包括核能、太阳能、水能、地热能等。核能技术与太阳能技术是新能源技术的主要标志,通过对核能、太阳能的开发利用,打破了以石油、煤炭为主体的传统能源观念,开

创了能源的新时代。五是空间技术。空间技术即新型高科技航天技术，是探索、开发和利用太空以及地球以外天体的综合性工程技术，包括对大型运载火箭、巨型卫星、宇宙飞船等空间军事技术的研究与开发。空间技术是21世纪技术的外向延伸，其两个标志是航天飞机和永久太空站。它不仅把高技术用于地球上，还把人类整体生存机构引向了外层空间。六是海洋技术。世界海洋总面积为36亿平方千米，占地球总面积的70%以上，海洋的平均深度为3800m，蕴藏着极为丰富的资源和能量，其标志技术是深海挖掘和海水淡化。高新技术种类多、范围广，且发展变化快，就军事领域应用，尤其是装备保障领域应用而言，相对集中在信息技术、新材料技术、新能源技术等领域。

（二）维修保障技术需求

在军事领域，保障是为部队作战和管理服务的，而技术作为工具和手段，是为保障服务的，高新技术作为新兴的、先进的、高效的技术形式，在装备维修保障中起到重要的作用。研究高新技术在装备维修保障中的应用，必须紧紧聚焦需求，树立保障需求牵引的理念。没有需求的保障是盲目的，也是没有任何意义的，没有需求的技术保障，更是没有任何价值的。

1953年，我军首任装甲兵司令员许光达提出了"没有技术就没有装甲兵"，并审定颁发了我军装甲兵第一部《技术工作条例》，明确了技术在装甲兵建设管理和作战应用中的地位作用。当前，随着现代作战的不断发展和军种武器装备的整体运用，尤其是信息化条件下联合作战，各种高新技术武器装备大量参战，装备技术体系越来越复杂，对联合作战装备维修保障的要求越来越高，装备维修保障的地位作用日益突出，高新技术先进与否，高新技术应用是否科学高效，将直接影响部队战斗力甚至影响战争的胜败。

（三）高新技术转化应用

高新技术作为专门的科学，其本身不会产生效能，创造价值，只有将高新技术与具体领域结合起来，高新技术通过理念的先进，方法的科学，方式的创新,对具体领域的发展将起到巨大的支撑、推动,甚至是牵引作用。就高新技术在装备维修保障中的应用研究而言,高新技术只有紧紧围绕军事装备维修保障需求,明确高新技术转化途径,高新技术装备维修保障能力生成模式,才能真正发挥高新技术的作用,才能使高新技术在装备维修保障领域产生巨大的作用,为装备维修保障能力的提升提供不懈的动力。

二、研究方法

高新技术装备维修保障应用是装备维修保障的重要组成部分,对军事活动具有直接的影响。随着高新装备加速列装和快速发展,装备维修保障对高新技术应用的依赖程度越来越大,高新技术装备维修保障应用转化的地位作用日益重要。

毛泽东主席说过:"我们的任务是过河,但是没有桥或没有船就不能过。不解决桥或船的问题,过河就是一句空话。"研究高新技术装备维修保障应用,应当以唯物辩证法和历史辩证法为根本,充分运用认识论和实践论的哲学方法,遵循"实践—理论—新实践—新理论"的研究规律,总结经验教训,借鉴海内外做法,着眼未来发展,广泛汲取海内外、国内外、军内外相关任务行动的有益实践和理论成果。

(一)抽象概括法

研究高新技术装备维修保障应用,目的是将高新技术装备维修保障实践与经验上升为行动的指南和科学的理论。一是坚持实践第一,注重调查研究。要调查、整理和分析装备维修保障中事关全局的、重大的实践活动,尤其是代表高新技术装备维修保障发展趋势的新问题、新观点和新方法,这既能揭示装备维修保障活动的一般规律,又能发现其中的特殊规律。二是加强总结提炼,注重科学概括。要将高新技术装备维修保障应用的实践经验、具体现象、科技知识等,通过由此及彼、由表及里的研究活动,进行去粗取精、去伪存真的归纳提炼,总结直接的和间接的装备维修保障经验,概括出本质的、核心的、起决定作用的内容,使之上升为科学的装备维修保障理论,指导高新技术装备维修保障应用实践,并在实践中得到检验和创新发展。

(二) 预测模拟法

预测模拟法,是在系统全面掌握装备维修保障现实情况的基础上,采用定性分析与定量分析相结合的方法,从理论研究前瞻性推测实践行动的可行性。一是注重预测的整体设计。预测需要占有大量的装备维修保障资料,要区分不同层次和不同对象,既有定性的宏观归纳,又有定量的具体分析,预研预判高新技术装备维修保障应用,可能面临的环境条件、方向重点和发展趋势。二是注重运用模拟仿真手段。运用模拟仿真系统设备和模拟仿真技术,模拟装备维修保障环境、装备维修保障组织实施过程,研究军事装备维修保障学理论问题的主要手段,具有重要的理论和实践价值。不论是装备维修保障技术手段应用,还是装备维修保障力量、指挥、动员、战备、训练、方式方法等,都可以建立相应的概念模型、数学模型、推演模型,进行动态可变的模拟研究,得出大量的定性结论和定量数据,这既是装备维修保障研究的应有之义,又可极大地增强高新技术装备维修保障应用理论的前沿性和科学性。

(三) 比较研究法

比较研究法,是对装备维修保障同类事物进行对比分析,通过鉴别其差异点和共同点,形成规律性的认识。一是正确选择比较对象。要选取具有代表性的,实力较强的、较先进的,且相互联系的同类情况作比较,不能用互不关联的研究对象作对比,以期达到他山之石可以攻玉的效果。二是合理确定比较标准。对于高新技术装备维修保障应用,无论是在装备维修保障体制、组织指挥,还是保障内容、保障手段、保障方式等,都要选择相同的对比标准,来分析同类问题。三是采取多种具体方法。对研究对象进行综合性的对比分析,通常采取横向和纵向比较的方法、宏观和微观比较的方法、求同和求异比较的方法,对不同国家军队、不同作战行动样式和不同环境条件下的高新技术装备维修保障应用进行比较与鉴别,成为推动装备维修保障发展的重要途径,如对美军、俄军等军事强国的高新技术装备维修保障应用,进行比较研究,就可以充分借鉴他们的经验与教训,取人之长,补己之短。

(四)试验论证法

试验论证法,是将高新技术装备维修保障应用的试验者、试验环境和试验对象等基本要素,组合成为相互联系、相互作用的有机结构体,对其运行状况或活动过程进行观察、分析,从而获得高新技术装备维修保障应用的理性认识。一是合理选择试验论证对象。既要保证试验论证对象覆盖面的完整性,又要保证试验论证对象的代表性,避免以偏概全,防止装备维修保障理论研究成果不具有普遍指导意义。二是注重论证的总体规划。依据军事战略方针、军队建设思想、作战指导原则、装备科技发展实际等,拟制周密的装备维修保障理论研究论证规划,论证的内容应当涉及与问题相关的各个方面,并根据研究对象的不同有所侧重。三是注重试验的实践性。采用装备维修保障试点、试验、演习、评估等一系列活动,总结、提炼和概括高新技术装备维修保障应用实践经验,并使之升华为理性认识,以科学指导高新技术装备维修保障应用实践。

三、研究意义

着眼当前高新技术的发展,结合装备维修保障的实践经验、现实条件和可能发展,运用科学方法,紧贴装备维修保障需求,揭示装备维修保障的特点和规律,阐明装备维修保障高新技术应用的方法和途径,并将其升华为系统、完整、科学的应用理论,用以指导高新技术装备维修保障实践,全面提升装备维修保障能力。

(一)摸索高新技术及其装备维修保障应用的特点规律

特点是指人或事物所具有的特别或特殊之处;规律是指客观事物发展过程中的本质联系,是事物本身所固有的、深藏于现象背后并决定或支配现象的内容,就事物的发展过程而言,它是千变万化的现实世界相对固定的内容。装备维修保障特点,是指其区别其他装备保障,有别于一般保障的不同之处或自身独有的表现;装备维修保障规律,是指在装备维修保障实践活动中关于装备维修保障的本质和必然联系,是关于装备维修保障现实存在和发挥作用的不以人的意志为转移的内容,具有必然性、普遍性、客观性和永恒性等特征。高新技术装备维修保障应用,是将高新技术作为提升装备维修保障能力的手段方式,将高新技术融入装备维修保障内存需求,遵循装备维修保障的客观规律,综合运用多种方式方法,提高高新技术及其装备维修保障应用的质量和效率,促进装备维修保障能力提升。

(二)丰富高新技术及其装备维修保障应用的理论体系

理论来源于实践,同时实践也离不开理论的指导。随着装备维修保障的持续进行和深入开展,特别是随着信息化条件下装备维修保障的需求变化,装备维修保障理论也随着装备维修保障实践的发展而不断丰富和完善,要适应这些新情况和新变化,就需要从当前我军装备维修保障的实际出发,从科学发展、科技进步、技术应用转化的视角,来认识高新技术装备维修保障应用的客观规律,研究与之相适应的装备维修保障方法和保障理论,形成具有时代特征和我军特色的高新技术装备维修保障应用理论体系。不断深入的装备维修保障实践,促进了装备维修保障理论的形成,同样,日益完善的高新技术装备维修保障应用理论,必将引导装备维修保障向更深入、更广泛、更科学的方向发展,支撑、推动、牵引装备维修保障持续科学发展。

(三)探讨高新技术及其装备维修保障应用的实践指导

高新技术装备维修保障应用是装备维修保障的重要组成部分,是圆满完成保障任务的有力支撑。近年来,在高新技术装备维修保障应用方面,虽然取得了一些实践经验和研究成果,但是,由于对高新技术的认识还不够深入和科学,加之高新技术本身的发展还不完善,还有许多有待提高和提升的环节与空间。例如,通常情况下,高新技术前期研发成本较高,经费投入巨大,高新技术装备维修保障应用成本消耗大,技术应用转化受经费所限,技术应用普及较难,又由于高新技术对人的素质要求较高,高新技术通常科技含量高,需要专门的科学知识和素养,才能掌握和应用,对装备维修保障人员的素质提出了更高的要求,这些都给主高新技术装备维修保障应用带来一定影响,亟待从顶层上形成统一的规范要求;高新技术日新月异的快速发展,又给高新技术装备维修保障应用转换,带来哪些新的变化和影响,面临哪些变化和机遇,如何进行相应调整,以适应新情况和新任务,需要进行科学统筹和规划计划;要加强高新技术装备维修保障应用的系统性、科学性和前瞻性研究,对于适应高新技术本身的快速发展,适应当前装备维修保障面临的新情况、新问题,推动高新技术及其装备维修保障应用制度化、规范化、常态化和科学化。

第二章　高新技术及其装备维修保障应用的特点与需求

高新技术的产生与发展有其深刻的社会经济背景,有其鲜明的时代特征和自身特点,同样军事领域的装备维修保障,也离不开政治经济的影响,研究高新技术装备维修保障应用,必须立足高新技术的特点,抓准装备维修保障对高新技术应用的需求和需要。

第一节　高新技术及其装备维修保障应用的主要特点

随着高新技术的高速发展和普及应用,越来越多的高新技术被应用于军事领域,在装备维修保障方面也日益发挥着重要作用。相对于一般性技术在装备维修保障领域的应用,高新技术由于其理论的先进、科技的领先、效益的明显等特征,使高新技术装备维修保障应用具有鲜明的特殊性,具有不同于其他装备维修保障技术应用的特点规律和具体要求。

一、高新技术的特点

和传统技术相比,高新技术在很多方面有所不同,可以将高新技术的特征概括为高战略、高智力、高收益、高创新、高成长、高投入和高共享 7 个方面。

(一) 高战略

高新技术往往是以重大技术突破和重大发展需求为基础,对经济社会全局和长远发展具有重大引领带动作用,高新技术应用常常会培养造就潜力巨大的产业,是新兴科技和新兴产业的深度融合,其知识技术密集,物质资源消耗少、科技含量高、应用潜力大、带动能力强、综合效益好,既代表着高新技术创新的方向,也代表着产业发展的方向。高新技术在产业的战略引领地位不容小觑,必须加以重视。

(二) 高智力

高新技术从事的是智力活动,主要依赖人的智慧和创新,是智力劳动,其高学历高层次的人才占比高,其中包括管理者、设计者、研发者、经营者等。和传统技术的最大区别,在于它是建立在知识的基础上,集技术、智力、信息、知识等高级要素为一体,从高新技术人员构成上看,从事技术研究和产品开发、设计的科技人员在总数中有较高比例,专业技术人员在产业中的作用远大于其他企业人员,通常高新技术产业中具有工程和科学学位的人员,占员工总数的40%~60%,相当于传统产业部门的5倍。高新技术的关键是人力资源,特别是高智力人力资源,即具有从事较高程度异质性劳动的人力资源。因此,高新技术发展过程中起着核心和关键作用的是高技术人才。

(三) 高收益

高新技术的高收益性来源于其技术和产品的高创新性,这种创新在一定时期内具有垄断性特征,由于需求的旺盛和技术的垄断,能吸引愿意支付高价格的购买者,会带来高额的利润回报。高新技术在应用成功或产业化之后,通常可以得到数十倍于初始投入的巨大收益。通常在风险投资、基金投资的高新技术项目中,成功的项目所带来的利润足以弥补其全部损失,并保持较高的盈利水平,如从股票市场上高新技术板块的表现,也足以说明高新技术应用能够带来的高收益。

(四) 高创新

创新性是高新技术的基本属性,衡量高新技术的一个重要指标,就是高新技术的创新性,以及由此带来的技术创新、产品创新、市场创新和管理创新等。同时,高新技术要保持竞争优势,必须时时刻刻围绕创新这条主线开展工作,不创新甚至创新缓慢,高新技术就会落实后,甚至会面临淘汰,寻求不断的创新是高新技术不断获取发展的源泉。技术创新是动力,除了对技术特有的保护,还要持续加大对创新的投入,不断寻求新的激励机制和组织结构;高新技术生命周期短、更新快、时效性强且难以预料,要求不断地进行技术创新,以适应和保持高新技术的领先。

高新技术认定的一个重要指标就是新技术、新产品所占比重，其实，高新技术企业要想保持自己的竞争优势，扩大市场份额，不断寻求新技术、新产品是必备条件。目前，市场新产品的更新周期快，消费者对产品的技术和新颖性要求很高，只有保持不断创新才能稳稳抓住消费者的心，企业才能生存、发展。

（五）高成长

高新技术的创新一旦在市场上获得成功，由于专利保护、技术领先等优势因素，将给行业带来巨大的竞争优势，高新技术应用和成果转化，使其凭借新颖性和新技术特性将迅速地占领行业领域，其投资回报率可能在短短几年时间内增长几十倍甚至上百倍，从而获得巨大的经济效益，高收益的特点也促成了高增长，高新技术的产业发展往往具有跳跃性。

（六）高投入

高新技术的高投入性主要体现在前期投入，在技术研发、产品试验和推广、配套设施设备等方面，需要投入大量的资金；从事高新技术研发要取得科技成果，需要投入大量的研究费用，而且技术难度越大、越复杂，需要投入的资金就越多，在开发阶段要经验中间试验这一环节投入的费用弹性很大，有时投入很多而一无所获，有时需要多次试验、不断追加投入才能成功，中间试验费用在整个企业开发过程中所占的比例很大。以高新企业为例，据统计，其研发投入强度一般为5%~15%，最高的可达50%，将其研发成果商品化时，所需投资又要比研发投入强度高5~10倍。

（七）高共享

高新技术只有不断的创新才能满足知识经济需要，团队工作方式需要员工相互合作、知识共享，同时建立学习型组织，加强鼓励相互学习，知识的共享可以产生创新的灵感和知识的更新，一种思想交换另一种思想，彼此会有两种思想，知识具有流动性和价值可多次转移的特性，其共享的过程并不是一个人到另一个人的转移，而是彼此共同的拥有。高新技术的成果具有高度的不确定性和不可预测性，因此必须对失败有较高的容忍度，既可以共享学习、共享成长，也可以共享教训、共享失败，以促进科技人员的创新行为和创业精神。

二、装备维修保障的特点

正确认识装备维修保障的基本特点,对于组织实施装备维修保障,提高部队战斗力具有重要意义。

(一)科学性

科学性是指装备维修保障要适应装备技术快速发展的需求,运用现代管理理论、方法和手段开展管理活动,包括系统论、控制论、全寿命管理思想、项目管理方法等综合运用,信息化管理系统、信息技术手段的不断更新,装备维修保障组织的重构和优化,先进的维修保障设施设备的研制和应用。

(二)系统性

部队装备是一个完整的体系,装备维修保障同样也是一个诸要素相互配合、相互制约的宏观系统。从主体上,其包括军委各部门、各战区、各军种、部队各级装备维修保障部门,部队、地方维修保障机构以及院校、科研单位等;从客体上,其包括陆、海、空、火箭军、战略支援等军兵种所有的武器装备;从保障要素上,其包括器材保障、设施设备保障、场地保障、人员保障以及经费保障等;从保障职能上,其包括计划、组织、指挥、协调和控制等。因此,装备维修保障必须体现系统性的观点,着眼于装备维修保障的所有要素,实现装备全寿命、全系统、全过程的保障。

(三)专业性

装备维修保障是一种专业性非常强的保障活动,首先,装备维修保障部门专门化,由于部队现代化装备种类划分越来越细,维修保障专业分工也越来越细,从而要求装备保障越来越专门化,陆军炮、装、工、化,空军特设、火控、发动机等专业要求越来越高,一个维修保障单位往往由多种专业分队组成;维修保障队伍专业化,对日益复杂先进的武器装备,需要高度专业化人员分工协作,才能完成装备维修保障任务,专业技术军官、高级维修士官、专业技术兵都必须经过相应专业培训,并获得相应技术资格,才能从事装备维修保障活动;维修保障过程的专业化,由于不同装备结构、性能的差异,带来了维修保障方法、工艺、器材(备件和材料等)以及技术要求的不同,必须遵循严格的维修流程,采取专业化的维修工艺,确保装备维修质量。

(四) 综合性

装备维修保障不是目标单一的保障活动,而是适应质量、效益、秩序等多目标要求的技术、行政和经济相结合的管理,既要按照技术规范,实施科学维修,确保装备维修质量,又要确保维修保障活动的正常秩序,对于有关重大的维修决策,应当经过充分的技术、经济论证;既要满足部队作战、训练等执行各种任务的需求,又要减少资源消耗,提高装备维修保障的经济效益。

(五) 经常性

装备维修有其自身的特点和要求,不同装备的维修标准和维修时间,装备维修保障作为一项经常性的保障工作,必须保持稳定性和连续性,在各个保障环节、各项具体工作中,严格落实各项管理法规、制度方面,做到装备维修保障的常态化和经常化。

三、高新技术及其装备维修保障应用的特点

高新技术源于一般的科学制造技术,是科学技术在某些领域的延伸与扩展,但又不同于一般的科学和制造技术。高新技术在装备维修保障领域的应用目的、应用环境、应用方式等方面,又不同于其他社会经济层面的应用,而是有着军事装备保障领域自身的特征。

(一) 前沿性和战略性

高新技术本身是由于时代前沿的先导性而发展起来的,是相关技术领域的翘楚,是未来高新技术更新换代和新兴领域发展的重要基础,其突出体现在:一是代表世界高技术前沿的发展方向;二是对未来产业发展具有引领作用;三是利于产业技术升级换代,实现跨越发展。战略是同一定历史时期的社会生产方式相联系的,它依赖于社会物质生产、科学技术的发展水平,从这个角度看,战略依赖于技术进步,尤其依赖于高新技术的发展应用;战略性是指在总体上对全局的筹划和指导,高新技术装备维修保障领域应用的战略性,体现在高新技术在装备维修保障领域的深入发展与应用,必将对装备维修保障发展规划、建设管理、指挥方式、力量建设、保障方式方法等带

来深刻影响,催生装备维修保障的持续改革,牵引装备维修保障科学发展。

(二) 应用性和保障性

技术的本质属性是服务社会,促进社会经济生活的进步,它既包含社会经济层面的服务应用,又包含军事领域的服务应用,其应用的范围具有普遍性和广泛性。对于军事领域而言,既包含军事技术成果的直接应用,也包含民用技术成果的转化应用,还包括科学成果的直接开发应用。高新技术装备维修保障应用是一门应用技术,是高新技术在装备维修保障领域的应用性和保障性的直接体现,高新技术直接服务于装备维修保障活动,实现对军事各类武器装备,对军队遂行各种军事任务的服务保障和技术支撑,保障性与应用性决定了高新技术具有明显的军事属性和实践特性。

(三) 多样性和综合性

高新技术装备维修保障应用,是运用高新技术,对装备实施维修保障的过程,涉及装备总体和各类系统以及配套设备的专业知识,具有专业门类多、知识密集的特征。一方面,高新技术装备维修保障应用的对象有装甲装备、舰船、飞机、导弹等多类装备;另一方面,还涉及机械、电子、电气、光学、控制、计算机等多种专业;既有装备的技术性能、结构、原理等方面的知识,又有检查、检测、计量、试验、化验、维护、修理、储存、保管、延寿等方面的知识。因此,装备维修技术不仅包括各种工具、设备、手段,还包括相应的经验和知识,是一门综合性很强的复杂技术。同时,在装备维修保障指挥和管理层面,高新技术也有非常广阔的应用空间。

(四) 动态性和创新性

高新技术本身具有非常强烈的动态性、开放性和周期性,其本身的发展变化快速,越来越呈现生成周期快、过程变化剧烈、生存周期短的特点,如果高新技术本身不发展,很快就会被后续高新技术所替代,甚至是淘汰。同时,高新技术装备维修保障应用的对象是不断更新的装备;随着科学技术的进步,装备本身也在加快升级换代,这也呈现了动态更新的明显特征,且同一装备随着使用时间的延长,其战术技术性能尤其是可靠性等指标也在发生变化,根据这些变化和装备不同的使用环境、不同的使用任务以及不同的故障现象,维修保障应采取不同的技术措施,维修技术也随之不断地弃旧纳新或梯次更新,因此,高新技术装备维修保障应用呈现出动态性的特征。同时,这种变化亦要求高新技术装备维修保障应用,在继承传统的基础上善于创新,不断采用新方法、新工艺、新设备,以解决新问题,只有不断创新,高新技术装备维修保障应用才能保持活力,适应变化。可见,创新性是维修技术的又一显著特征。

(五)适用性和可靠性

技术的进步是随着社会整体的发展而不断发展变化的,具有明显的社会性和时代性特征。装备维修技术应用具有特定的应用对象,针对性很强。落后的维修技术是不可能对先进装备进行有效维修保障的,同样,超越现实需要的高新技术也难以解决维修保障中的现实问题,对高新技术装备维修保障的应用,必须立足现实需要,采用适用的高新技术应用方式,与维修保障对象相适应,这就是高新技术装备维修保障应用的另一个基本特征,即适用性。装备维修保障的主要任务是恢复、保持和改善装备的固有可靠性,军事装备是战争的工具,这就决定了装备维修保障必须保证有可靠的质量,采用的高新技术应成熟有效,必须具备很高的可靠性,能够为装备维修保障提供持续稳定的技术支撑和服务保障。

第二节 装备维修保障对高新技术应用的需求

相对保障而言,保障有明确的保障对象,离开保障对象,研究保障是空洞的,也是没有任何价值和意义的,因此,必须聚焦保障对象和保障需求,研究高新技术可能对保障带来的影响、变化和可能。

一、提升装备维修保障能力的需要

军事装备维修技术是装备维修保障方法、工艺、技能和手段及相关理论的统称,它是军事技术的重要组成部分。现代作战装备维修具有修理时间的紧迫性、损伤模式的随机性、修理方法的灵活性、恢复状态的多样性等特点,现代战场高新装备使用加大,更加强调装备的系统统筹,又由于高新装备的批量更新列装,必然要求高新维修技术参与装备维修保障,装备维修保障也正发生着相应的、明显的变化;从武器装备全寿命角度看,现代战场抢修强调装备研制、生产时就考虑未来的维修保障,进行可修性设计,必然要考虑高新维修技术应用,而不是等到装备使用后再从头研究和准备;修理对象范围扩大,过去装备主要是机械装备,现在逐步扩大为机械、电子、光学、控制等多种装备及其组合,材料包含了各种金属、非金属和复合材料。由此可见,过去以各种机械或手工加工、换件等传统修理方法为主的装备维修,已经发展到采用各种新技术、新工艺、新材料为主的装备维修,装备维修技术也正发生着深刻的变化,只有加大高新技术应用,才能有效提高装备维修保障整体能力。

二、适应武器装备建设发展的需要

武器装备是战争胜负最重要的物质基础,武器装备占有优势的一方,在战场上往往比较容易获取主动权,有力的装备维修保障,可以持续有力地保持这种优势。随着科学技术的进步,武器装备也在不断加强技术更新,不断研制新技术和新概念武器,使武器装备呈现信息化、智能化、一体化等高科技特征,装备的发展使得维修由传统的,主要是设备和装备维修,扩大到包括其他各种产品、系统和设施等在内的维修,由硬件维修扩大到包含计算机软件的维修或维护、由单一任务维修保障上升到综合任务维修保障。而且,软件维修及其消耗的资源将占有越来越高的比例。各种高新技术产品特别是软件、硬件结合的"软件密集系统",如现代飞机、导弹、航天器、通信网络、自动化单元等,维修将更加困难。世界著名的未来学家奈斯比特指出:"维修高技术系统的技能已变得与设计该系统的创造能力一样重要了"。同时,随着现代武器装备使用环境的变化或恶化,组织实施装备维修保障所处的环境发生了很大变化,从高空、外层空间到远海大洋,武器装备不仅要在常规作战环境中的维修,而且要考虑在核、生物、化学和电磁环境中的维修,使得许多传统的维修方法和手段将无能为力。在这些特点或背景下,装备维修保障将面临更高的要求,而高新技术在装备维修保障领域的应用,为解决装备维修保障面临的新情况、新问题、新挑战提供了解决的可能。

三、提高装备维修保障效益的需要

随着影响我国安全的不确定因素增多,未来军事行动可能呈现应急性、多样性、常态性、全域性等典型特征,装备维修保障面临的环境将更加复杂多样,保障任务将更加繁重,保障要求也更高。由于装备维修保障任务大多与部队行动同步展开,在战斗中同步组织实施,能用于装备维修保障的准备时间相对有限,而且无法估计作战进程中面临的一些突发性情况和临时性任务,因此难以有针对性地制定装备维修保障预案,难以建立充足有效的装备维修设备器材储备,从近期外军军事行动装备维修保障的实践看,装备故障发生的时间、地点不可预测,以突发的方式和性质发生,突发性强且故障状态变化迅速,具有很强的时效性。由于事发突然,情况紧急,对维修器材的筹措和损坏装备的维修等都必须在装备保障准备时间非常仓促的情况下实施行动,要求具有较强的快速反应能力,对装备应急维修能力提出了考验;相比传统维修技术,高新技术装备维修保障应用普遍具有适用性强、使用简便、时效性高、依赖性少、成本较低的特点,合理利用高新技术,可以确保以最简便的操作、最快的速度、最小的成本完成维修任务,从而提高装备维修应急保障能力,全面提升装备维修保障效益。

四、延长装备使用周期寿命的需要

未来军事行动作战样式向多维立体作战跨跃,战场空间得到极大拓展,作战攻防转换快,作战强度剧增,由此会带来武器装备使用强度持续加大、装备受损因素增多,以及装备故障呈现数量多发、原因多样、维修困难等问题,导致部分装备养护周期和使用寿命缩短,面对这些困难,许多传统的维修技术和方法手段将无能为力。在这些特点或背景下,对装备维修保障提出了更高的标准,如维修过程不改变或不减少装备使用寿命,维修与管理、改造、再利用相结合,维修过程要适应各种恶劣环境和维修对象,维修资源消耗少,不污染环境等,高新技术装备维修保障应用可以有效解决这些问题,充分发挥高新技术的优势和特点,可以提高维修工艺,优化维修流程,减少维修时间,减少资源消耗,从而提升装备维修质量,延长装备使用寿命;同时,高新维修技术的应用关系到装备的使用安全、使用效率及使用寿命的正常发挥,即使是退役报废的装备,高新技术的应用也可以使装备资源得到再制造、再利用。可见,高新技术装备维修保障应用,对提高装备全寿命的使用有重要的保证作用。

五、实现维修保障跨越发展的需要

高新技术应用是一门跨学科理论与各类先进技术密切结合的实践活动,是科技发展水平和发展实力的标志,随着战争的需求而发生深刻变化,高新技术在装备维修保障领域的最直接体现是高新维修技术,高新维修技术代表了各种先进科学技术的综合创新和应用水平,受到了发达国家军队和政府的高度重视,当今世界各国纷纷将高新维修技术纳入本国的国防科技发展战略,加快高新维修技术的发展,我军也不例外。国防关键技术是军事领域的前沿技术,它的发展对于保持武器装备质量优势、推动经济发展、保障国家安全具有举足轻重的作用,国防关键技术不仅是当前武器装备的主要技术支撑和牵引力,而且是未来国防科学技术发展的基础。国防关键技术注重基础理论和应用基础研究,高新维修技术作为国防关键技术之一,也应根据武器装备保障建设与发展的需求,开展高新维修技术探索性、创新性、基础性研究和关键技术的应用基础研究,从而带动和引领装备维修保障专业人员技术水平的提高与维修保障手段的改进,促进装备维修保障管理和保障方式的变革,从而加快装备维修保障信息化、现代化的建设进程。

第三章 人工智能技术及其装备维修保障应用

人工智能技术是引领科技革命和产业变革的战略性技术,具有溢出带动性很强的头雁效应。从军事意义上来说,人工智能是影响未来战争胜负的关键性因素,在人工智能方面的差距可能对战争产生颠覆性影响。

第一节 人工智能技术综述

人工智能(Artificial Intelligence,AI)一词最初是在1956年Dartmouth学会上提出的。从那以后,研究者们发展了众多理论和原理,人工智能的概念也随之扩展。

一、基本概念

人工智能作为一门研究如何用人工的方法去模拟和实现人类智能的科学。到目前为止,还没有一个统一的形式化定义,其主要原因是人工智能的定义要依赖于智能的定义,而智能目前还无法严格的定义。尽管如此,我们还是从智能的概念入手,来讨论人工智能的基本概念。

(一) 智能的概念

智能主要是指人类的自然智能,确切定义还有待于对人脑奥妙的彻底揭示。一般认为,智能是一种认识客观事物和运用知识解决问题的综合能力。人们在认识智能的过程中,对智能提出了多种不同的观点,其中最具代表性的有以下三种。

(1) 智能来源于思维活动。这种观点称为思维理论。它强调思维的重要性,认为智能的核心是思维,人的一切智慧和智力都来自大脑的思维活动,人的一切知识都是思维的产物,因而通过对思维规律与思维方法的研究,可望揭示智能的本质。

(2) 智能取决于可运用的知识。这种观点称为知识阈值理论。它把智能定义为:智能就是在巨大的搜索空间中迅速找到一个满意解的能力。知识阈值理论着重强调知识对智能的重要意义和作用,认为智能行为取决于知识的数量及其可运用的程度,一个系统所具有的可运用知识越多,其智能就会越高。

(3) 智能可由逐步进化来实现。这种观点称为进化理论。它是美国麻省理工学院(Massachusetts Institute of Technology, MIT)的布鲁克斯(R. A. Brooks)教授在对人造机器虫研究的基础上提出来的。他认为,智能取决于感知和行为,取决于对外界复杂环境的适应,智能不需要知识、不需要表示、不需要推理,智能可由逐步进化来实现。

(二) 人工智能的概念

人工智能的定义可分为"人工"和"智能"两部分。"人工"比较好理解,争议性也不大。"人工系统"就是通常意义的人工系统,也就是非自然而生的系统。但关于什么是"智能",问题就多了。人类唯一了解的智能是人本身的智能,但是我们对自身智能的理解都非常有限,对构成人的智能的必要元素也了解有限,所以就很难定义什么是"人工"制造的"智能"了。

著名的美国斯坦福大学人工智能研究中心尼尔逊教授对人工智能下了这样一个定义:"人工智能是关于知识的学科——怎样表示知识以及怎样获得知识并使用知识的科学。"而美国麻省理工学院的温斯顿教授认为:"人工智能就是研究如何使计算机去做过去只有人才能做的智能工作。"综合各种不同的人工智能观点,可以从"能力"和"学科"两个方面对人工智能进行定义。从能力的角度看,人工智能是指用人工的方法在机器(计算机)上实现的智能。从学科的角度看,人工智能是研究如何用人工的方法去模拟和实现人类智能的学科,它是研究、开发用于模拟、延伸和扩展人的智能的理论、方法、技术及应用系统的一门新的技术科学。

此外,人工智能专家还提出了人工智能可分为弱人工智能与强人工智能的观点。弱人工智能观点认为,不可能制造出能真正地推理(Reasoning)和解决问题(Problem Solving)的智能机器,这些机器只不过看起来像是智能的,但是并不真正拥有智能,也不会有自主意识。而强人工智能观点认为,有可能制造出真正能推理和解决问题的智能机器,并且这样的机器能将被认为是有知觉的,有自我意识的。

关于强弱人工智能的争论一直没有停歇过,如美国哲学教授约翰·罗杰斯·希尔勒认为这是不可能的。他举了个中文房间的例子来说明,如果机器仅仅是对数据进行转换,而数据本身是对某些事情的一种编码表现,那么在不理解这一编码和实际事情之间的对应关系的前提下,机器不可能对其处理的数据有任何理解。基于这一论点,希尔勒认为即使有机器通过了图灵测试,也不一定说明机器就真的像人一样有思维和意识。也有哲学家持不同的观点,Daniel C. Dennett 在其著作 Consciousness Explained 里认为,人也不过是一台有灵魂的机器而已,为什么我们认为人可以有智能而普通机器就不能呢?他认为像上述的数据转换机器是有可能有思维和意识的。

还有的哲学家认为如果弱人工智能是可实现的,那么强人工智能也是可实现的。例如,Simon Blackburn 在其哲学入门教材 Think 里说道,一个人看起来是"智能"的行动并不能真正说明这个人就真的是智能的。我永远不可能知道另一个人是否真的像我一样是智能的,还是说他仅仅看起来是智能的。基于这个论点,既然弱人工智能认为可以令机器看起来像是智能的,那就不能完全否定机器真的是智能的。Blackburn 认为这是一个主观认定的问题。需要指出的是,弱人工智能并非和强人工智能完全对立,也就是说,即使强人工智能是可能的,弱人工智能仍然是有意义的。至少,现代计算机能做的事,像算术运算等,在百年前是被认为很需要智能的。

总之,对于人工智能,具有不同学科背景的学者对它有着不同的理解,在军事领域,2011 年版《中国人民解放军军语》对人工智能技术的概念,是指利用计算机模拟人类大脑思维功能的技术。其主要用于智能化武器系统、智能化作战模拟训练系统的研制,以及武器装备故障的自动诊断与排除等。

综上所述,可以这样认为,人工智能是研究、开发用于模拟、延伸和扩展人的智能的理论、方法、技术及运用系统的一门新的技术科学,目的是研究如何用人工的方法去模拟和实现甚至超越人类智能。人类智能可以用 IQ 分级,人工智能也可以按照智力水平分级,如弱人工智能、强人工智能和超人工智能。实现人工智能的技术,包括智能感知技术、知识工程技术、智能计算技术和智能行为技术。

二、发展概述

早在1950年,人工智能还没有作为一门学科正式出现之前,英国数学家图灵就在他发表的一篇题为"Computing Machinery and Intelligence"(计算机器与智能)的文章中提出了"机器能思维"的观点,并设计了一个很著名的测试机器智能的实验,称为"图灵测试"或"图灵实验"。

该实验的参加者由一位测试主持人和两个被测试对象组成。两个被测试对象中一个是人,另一个是机器。测试规则为:测试主持人和每个被测试对象分别位于彼此不能看见的房间中,相互之间只能通过计算机终端进行会话。测试开始5min内,由测试主持人向被测试对象提出各种具有智能性的问题,但不能询问测试者的物理特征,如不能问"你有几只耳朵"。被测试对象在回答问题时,都应尽量使测试者相信自己是"人",而另一个是"机器"。在这个前提下,要求测试主持人区分这两个测试对象中哪个是人,哪个是机器。若无论如何更换测试主持人和被测试对象中的人,机器超过30%的回答让测试者误认为是人类所答,则认为该机器具有了智能。

当然,也有人对图灵的这个测试标准提出了质疑,认为该测试仅反映了结果的比较,既没有涉及思维的过程,也没有明确参加实验的人是小孩还是具有良好素质的成人。尽管如此,图灵测试依然对人工智能学科的发展产生了深远影响,因为人们认为图灵测试能够从一定程度上反映机器的智能程度,到目前为止,它依然是公认的衡量机器智能的方法。

虽然图灵实验提出了机器是否能思考的问题,没有提出"人工智能"这一说法,但他的思想奠定了人工智能这一学科的基础。1956年夏季,以麦卡赛、明斯基、罗切斯特和申农等为首的一批年轻科学家在一起聚会,史称"达特茅斯会议",他们共同研究和探讨用机器模拟智能的一系列有关问题,首次正式提出"人工智能"这一术语。经过近70年的发展,人工智能取得了很大的进步,并且在很多领域得到了应用和发展。近几年,深度学习算法的提出让人工智能找到了突破口,再加上大数据、云计算、物联网、脑科学、芯片等技术的成熟和进步,机器具有了学习能力,人工智能取得了很多突出成就。人工智能系统已经成为我们生活的一部分,并且还在不断地升级进化。

三、关键技术

人工智能技术在军事领域的应用,主要包括模式识别(智能感知)、专家系统(智能决策)、深度学习(自主可控)、运动控制(智能反馈)和关联技术等。

(1) 模式识别。模式识别是计算机模拟人类感官,对外界产生各种感知能力的技术途径之一,包括语音识别、机器视觉、文字识别等。模式识别技术有助于武器装备获取自动目标识别(Automatic Target Recognition, ATR)、自主控制、自我感知等能力,如模式识别中的机器视觉,可通过光学非接触式感应设备,自动接收并解释真实场景的图像以获取系统控制的信息。

(2) 专家系统。专家系统是模拟人类专家来解决领域问题的计算机程序系统,一般由数据库和知识库、推理机制、解释机制、知识获取和用户界面等组成,可具备解释、预测、诊断、设计、规划、监视、控制、调试、教学、修理、决策、咨询等功能。

(3) 深度学习。深度学习技术是基于多层网络的神经网络,能够学习抽象概念,融入自我学习,收敛相对快速。深度学习模仿人脑机制,可以完成高度抽象特征的人工智能任务,如语音识别、图像识别和检索、自然语言理解等,深度学习具有多层的节点和连接,经过这些节点和连接,它在每一个层次都会感知到不同的抽象特征,且一层比一层更为高级,这些均通过自我学习来实现。

(4) 运动控制。运动控制技术集人工智能感知、决策和反馈于一体,包括单体运动控制和群体运动控制,主要应用于机器人和无人系统,单体运动控制以美国的双足人形"阿特拉斯"机器人为代表;群体运动控制又包含无人系统集群控制和有人系统编组协同技术,无人系统集群控制由无人系统根据任务及外界环境的变化自主形成协同方案,具有分散性和非线性,使武器作战效能成倍增加。在有人和无人系统编组协同方面,美军2011年首次组织"有人与无人系统集成能力"演习,演习了有人驾驶直升机与"灰鹰""猎人""影子"等无人机以及各型地面控制站和终端间的视频相互传输与接力传输,以提升无人武器与有人武器的协同作战能力。

（5）关联技术。为助推人工智能相关技术的快速、高效应用,需要同步开展大数据、云计算、人机交互、脑与认知、量子计算等技术研究。①大数据技术主要是指处理海量复杂数据集合的新型计算架构和智能算法等新技术,包括大数据存储管理的云计算平台、大数据分析处理的机器学习算法以及用于大数据决策的知识工程自动化等,大数据技术的发展,将强化面向联合作战需求的信息采集、分析与服务,为战场联合态势感知提供全面的决策支持,实现从"数据优势""信息优势"到"决策优势"的跨越。②云计算作为大数据技术的基础架构,本质上是一种基于网络的分布式存储与计算模式,其计算资源(包括计算能力、存储能力、交互能力等)虚拟、动态、可伸缩,应用于军事领域可为计算密集型大数据提供IT架构支撑。目前,云计算已经催生出 Maplioduec\Ha – dnnp\Spark 等一系列新型计算平台与计算机构。③人机交互技术在军事方面的应用更主要是通过开展人机交互、认知行为与智能系统、任务 – 特定情境下自然语言对话、手势/非语言交互、多通道感知和界面设计研究等进行指挥控制信息系统界面、以人为中心的信息系统分布式智能交互界面等工程设计,代表性产品主要是智能穿戴、体感设备、多模智能交互设备、虚拟现实设备和增强现实设备等。④脑与认知基础研究、类脑芯片、人脑功能图谱、脑机接口、人工神经突触等方面发展迅速,类脑芯片能够实时模拟人类大脑处理信息,有助于制造同周围环境实时进行交互的认知系统,为神经网络计算机和高智能机器人的研制提供强有力的技术支撑。⑤量子计算对人工智能的发展具有重要驱动作用,其核心优势是可以实现高速并行计算,有效提升计算机"算力",随着人工智能应用数据量的指数级增长以及算法的不断改进升级,计算机"算力"已成为制约人工智能发展的瓶颈,而量子计算机借助其优势,可以突破人工智能对计算机的"算力"要求瓶颈,同时为实现人工智能产品的小型化、移动化以及提升快速反应能力和实现自我进化等提供技术可能。

第二节　人工智能技术在装备保障领域的优势

人工智能产品的成功研发,并不能对军事行动产生实质性影响,而当人们在军事中去使用它们，并研究怎样用这些人工智能去创新作战样式、提高保障效能时，人工智能才真正成为影响战争进程的颠覆性力量。随着算法、数据、计算能力等关键要素的积累和突破，人工智能加速拓展应用场景，在军事装备保障领域，人工智能将发挥极为重要的作用，尤其在装备保障辅助决策、物资器材保障、保障数据处理与服务、保障无人系统以及装备辅助教学训练等方面，应用前景广阔。

一、研发智能武器装备

人工智能在武器装备中的应用包括无人作战平台、人机融合装备和智能弹药。无人作战平台已经遍布陆、海、空、天各作战领域。陆地有地面无人车，空中有无人机，太空有高空无人机，海上有无人舰艇，水下有无人潜航器、无人潜艇。无人装备的发展呈现出以下趋势：一是两极化，即向大型化和小型化发展；二是综合化，由适应单一环境的装备向两栖、多栖无人装备方向的发展，以满足无人装备在不同作战域中的作战需求；三是模块化，未来作战需要无人装备能够依据任务需求提供可定制的智能化功能，因此能够灵活组装的模块化智能装备也将成为发展的热门；四是自主化，虽然目前的无人装备都是采用的智能化、自动化系统，但都达不到完全自主的水平。随着技术的发展，无人装备的自主性能将不断提升。人机融合装备可以扩展人的体能、技能与智能，典型应用有数字化单兵装备、外骨骼设备、生物芯片、脑机接口、智能弹药等，如利用可穿戴或可嵌入的智能装备来提升人类各方面的能力也是智能装备非常重要的发展方向，智能弹药是利用智能技术使弹药能够自动识别目标，并自动调整攻击方向，从而提高打击精度。

二、辅助装备保障决策

针对装备保障特殊要求，开展新型传感技术研究，实现相关传感器具有状态监控能力，综合集成自主技术、机器学习、大数据等多种技术，开发用于装备保障的专业系统软件和专家系统，用于收集和分析相关装备数据，辅助装备决策和指挥控制。例如，海湾战争初期，美军就利用辅助决策系统对作战计划进行了对抗性模拟检验，使美军的决策和计划得到了完善与改进，作战指挥质量大大提高。从2007年至今,美国一直不断地研究升级其智能指挥控制系统,目标是建成除具备自动化态势分析和决策规划功能外,还能实现机器学习、机器视觉以及人机流畅对话等智能化功能的军事指挥控制系统。传统军事行动中,智能系统是辅助决策的地位,而新型作战中,如无人机蜂群的控制,则是完全依赖基于群智算法的智能控制系统,智能化水平越高,能够控制的飞机越多,能完成的任务就越复杂。

三、实现精准装备保障

针对平时和战时装备保障,尤其是设备器材的精准、智能、高效等保障要求,开展人工智能、智能物联网、增材制造、纳米材料等相关技术研究,实现战场态势实时感知、信息综合处理、全资产可视化、物资优化配置、需求清单快速产生,开发无人保障舰艇、无人保障飞机等无人运输投送装备,实现设备器材的智能配送、快速配送、定点配送等功能,提升装备保障智能化应用水平。

四、高效处理保障数据

针对现有装备保障资料和数据格式不一、存储量大、管理困难等特点,以及现有装备保障信息系统的开源数据集成、信息分析处理和实时服务决策等能力偏弱问题,通过引入和改进人工智能深度学习算法,利用机器学习技术,分析采集到的目标图像、声音、文字、视频以及各要素信息,快速、自主地将原始装备保障资料和数据转变为可指导维修人员作业或提供保障决策的可用信息,也可为作战人员提供精准的装备数据信息,从而大幅提高保障资料分析的数量、质量、速度以及利用率,使其发挥更大作用。

第三节 人工智能技术对装备维修保障的影响

人工智能技术在装备维修领域也有许多应用,简称为智能维修,对智能维修,目前尚无统一的定义。一般认为,智能维修是指在维修过程及维修管理的各个环节中,以计算机为工具,借助人工智能技术来模拟人类专家智能(分析、判断、推理、构思、决策等)的各种维修和管理技术的总称。

一、催生智能化装备维修保障理念

信息化战争装备维修保障相对于传统保障而言,具有明显不同,主要集中在4个方面:首先是预测性需求,需要对装备故障及对装备维修保障资源做出精确的预测;其次是时效性需求,为保障作战行动的顺利进行,装备维修保障的及时高效是客观需要;再次是精确性需求,以信息技术为代表的大量高新技术广泛应用,使得作战行动和保障行动更加趋于精确化,必然要求精确的装备保障方式与之相适应;最后是社会性需求,单靠军队自身的力量难以满足保障需要,必须充分地利用社会经济和地方技术力量,以弥补装备维修保障力量的不足。

理论创新是牵引保障转型的新动力,技术的进步必然带动观念的更新。高新技术装备维修保障应用应树立智能化维修保障理念。智能化装备维修保障以大数据、人工智能技术为支撑,保障活动全程智能化。智能化维修保障是指从形成保障决策到组织保障行动,从前方到后方,从指挥管理到维修力量,各个环节、各个要素都具备一定的智能化水平,且智能化因素在保障中起重要作用。预测智能化装备维修保障大致可分为4个阶段:①初级阶段,人类后方操作装备维修设备,组织实施装备维修活动;②中级阶段,人机结合的保障样式,随着人工智能技术的发展,人工智能自主性能的不断提升,机器已经成为人类的伙伴和战友,智能维修机器将成为未来军队保障的重要构成,人类将成为计划员、管理员和指挥员的角色,与各种指挥管理系统共同组织保障;③高级阶段,机器自主战斗阶段,未来智能系统将具备自主判断决策的能力,人的因素在作战中的关联程度将会大大减弱,在人工智能水平达到一定程度之后,机器可以自主进行保障;④终极阶段,由于生物技术的高度发展,智能复合人成为具有多样化功能的智能作战个体,智能复合人通过脑脑接口互联,共享信息,独立遂行保障行动。

二、提高装备维修保障的整体能力

高新技术装备维修保障应用难在对装备故障的检测和判断,故障检测与诊断是装备进行修复性维修的前提,故障诊断是利用检测装备在运行中或相对静态条件下的状态信息,通过对所测信号的处理和分析,结合诊断现象的物理知识、故障机理、故障模式和历史状况来定量识别装备及其部件的技术状态,并判断异常、故障和预测其未来技术状态,从而制定必要的技术对策,准确地进行故障检测、诊断和故障定位是实施准确、及时维修的先决条件。现代战争对装备维修保障时效性要求高,及时对装备故障进行快速检测与诊断,是完成维修任务的先决条件。充分运用人工智能技术,对装备进行智能化诊断已成为装备维修的一个发展趋势,在故障诊断智能化应用中,状态监测是基础、先决条件和必要手段;远程故障诊断是综合利用监测数据和知识库进行科学分析、决策的过程,系统最终输出的是诊断结果。远海护航行动故障诊断智能化应两者兼备,且相互验证、相互推动、相互促进的,诊断决策是对诊断结果进行综合分析的基础上,进一步结合专家意见建议,辅助形成决策意见,以利于快速完成高新技术装备维修保障应用任务。

三、改变装备维修保障力量结构

人工智能机器人、战场智能互联网络等技术,将会大大改变装备维修保障力量结构,减少保障层级,使得后方能够通过智能物联网,对一线提供技术和资源的支持,而不必建立层层衔接的力量体系;降低对人员维修技能的需求,维修保障人员在实施战损评估、故障定位、拆装修理等活动中能够获得智能化装备、后方专家的技术指导;减少维修保障人员数量规模,智能化维修保障装设备将替代大部分人员,开展修理和器材供应,大大提升战斗人员和保障人员比例,使得士兵能够更加专注于作战。美国国防高级研究计划局(DARPA)在2009年公布了"变形器"项目,该项目旨在开发和演示一种样机系统,为小型地面部队提供灵活的、不受地形约束的运输服务。2013年,DARPA确定了系统的设计理念,该系统核心部件是垂直起降飞行模块,不仅具有悬停和着陆功能,而且能快速转换为高速巡航飞行,便于在崎岖的地形和甲板上着陆,有效负载能力将达3000磅(约1360kg)。

四、丰富装备维修保障训练手段

装备维修保障训练,尤其是高新技术装备的维修保障训练,受训练环境、作业条件等外部影响较大,很难组织深入完整的系统性训练,人工智能可为训练提供智能化人机对抗程序、智能化训练器材以及模拟仿真的外部环境,可使装备维修保障训练不受时空限制,不受实兵实装、气候环境等条件限制,完成各类科目训练,节约训练成本,提升装备维修保障训练效果,其突出表现在三个方面:首先是维修保障决策训练,帮助指挥机构和指挥人员,掌握如何根据行动环境和装备战损情况,做出正确的维修决策;其次是故障分析训练,利用人工智能技术可对来自不同数据源的维修信息进行分析、融合和处理,从而确定故障的真正根源,并将分析结果存储于计算机内,以便在以后的维修工作中借鉴;最后是组织维修作业训练,主要是通过建立相应的维修环境图形和图像库,储存各种维修目标对象、维修训练场景等信息,让受训人员在仿真的行动环境下开展训练。

五、引领装备维修保障方式变革

技术革命是军事变革的直接动力,随着人工智能技术的快速发展,必然引发军事装备保障领域的持续变革。技术决定着装备维修保障的方式方法,预防性维修、修复性维修、改进性维修等是传统技术发展的产物;"基于状态的维修"是建立在装备维修信息集成与综合决策、装备维修状态监控、装备维修辅助等技术的发展与突破之上;智能化技术的发展,必将进一步提升对装备技术状态的监控能力,利用战场信息网络,掌握装备的技术状态、战损位置、战损情况等,分析装备技术数据,自主做出是否修理、何时修理、由哪一级修理的决策,并指导一线士兵组织维修保障。同时,现代战争高新技术装备运用频繁,智能技术得以推广应用,新的战法、训法、保障法在作战行动中不断得到训练完善和演练检验。应当注意的是,技术的发展不会改变保障关系,以人工智能技术为代表的高新技术不会也不可能改变军事行动与装备保障的需求关系,只要存在装备的广泛运用,装备维修保障就将永远存在;只要存在供需矛盾,就要通过指挥决策、控制、协调来进行处理,并采用适当的保障方式、开展相应的保障活动来消解矛盾。人工智能技术支撑下的装备维修保障,只会提升装备维修保障能力,缩小装备维修保障供需矛盾,推动装备维修保障的变革。

(1) 装备维修保障手段变革。智能化装备维修能成体系地对护航行动进行精确保障,实现数据流程与装备保障流程无缝链接,并相互驱动,构建全方位遂行保障任务"战保一体"的动态体系,未来智能化装备维修保障还有可能在完全无人干预的情况下,承担各式各样的装备维修保障任务。

(2) 装备维修保障内容变革。由于战争主体由人变成了无人系统或者人机结合系统,保障对象发生了变化,传统的装备维修保障力量资源筹措等也要随之发生变化。

(3) 装备维修保障指挥决策的变革。由于智能系统水平的不断提升,信息融合能力增强,装备维修指挥决策必然会转变为基于大数据的智能决策,从而实现精确化、精准化装备维修保障。

六、实现装备维修保障无人化

针对在特殊战场环境下的装备维修作业空间有限、装备修理作业实施困难等问题,通过加强分布式和协同智能系统、机器深度学习、新型传感器、微型处理器、自动控制以及智能算法的研究,开发基于自主修理能力的军用维修保障机器人,实现在复杂、狭小或对抗环境中具有面对动态威胁时的自主问题处理能力,并通过嵌入导航设备、可视装备、检测设备等,提升装备问题分析、状态识别、故障定位等能力,从而代替人工完成装备维修工作,准确完成故障排除,且减少人员伤亡。

目前,世界各军事大国均把人工智能作为未来核心军事竞争力的主要方向,不断加大科研经费投入,争先抢占人工智能竞争高地。为满足军事转型发展、装备智能化保障以及未来战争立体化、信息化、智能化等作战要求,迫切需要集中优势力量,着力在人工智能领域开展科研攻关,进一步优化装备维修保障体系、改进装备维修保障方式、完善装备维修保障手段,全面提升装备维修保障自动化、信息化和智能化水平。

第四章 大数据技术及其装备维修保障应用

大数据已成为军事信息化建设的重要领域,对军事领域的变革发展,具有强大的支撑推动和发展引领作用。军事装备保障涉及人、武器、战场环境等方面海量数据的计量、获取与处理,加强大数据建设是夯实军队信息化建设基础,快速生成新质战斗力,提升打赢未来信息化条件下现代战争具有重要意义。

第一节 大数据技术综述

随着互联网、移动互联网、物联网的快速兴起,以及移动智能终端的快速发展,各个领域的数据量都在迅猛增长,数据规模越来越大、种类越来越多、关系越来越复杂、更新速度越来越快,这些新的特征促使一个新的概念产生,那就是"大数据"。

一、基本概念

1980年,阿尔文·托夫勒在《第三次浪潮》中,称赞大数据是"第三次科技浪潮的华彩乐章"。

2008年,Nature推出了大数据(big data)专刊。计算机社区联盟阐述了在数据驱动背景下解决大数据问题所需的技术及其面临的一系列挑战。

2011年,Science推出"Dealing with Data"专刊,围绕科学研究中的大数据问题展开讨论。

2011年,麦肯锡全球研究所发布的"Challenges and Opportunities with Big Data"正式对大数据进行了定义:大数据是指在一定时间内无法用传统数据库软件工具采集获取、存储、管理和分析其内容的数据集合(data sets),

具有海量的数据规模、快速的数据流转、多样的数据类型和价值密度低等特征。

全球最具权威的IT研究与顾问咨询公司Gartnera,将大数据归纳为,是指需要借助新的处理模式才能拥有更强的决策力、洞察发现力和流程优化能力的,具有海量、多样化和高增长率等特点的信息资产。

维基百科对大数据的定义,是指需要处理的资料量规模巨大,无法在合理时间内通过当前的主流软件工具采集、管理、处理并整理的资料,它成为帮助企业经营决策的资讯。

2015年,国务院《促进大数据发展行动纲要》指出,"大数据"是以容量大、类型多、存取速度快、应用价值高为主要特征的数据集合,正快速发展为对数量巨大、来源分散、格式多样的数据进行采集、存储和关联分析,从中发现新知识、创造新价值、提升新能力的新一代信息技术和服务业态。

综合分析,可以发现《促进大数据发展行动纲要》中的定义更准确,其不仅描述了大数据的特征,还阐述了它的核心应该是发现新知识、创造新价值、提升新能力。

二、主要特征

大数据不仅是包含海量复杂数据类型的数据集合,而且还是数据、思维、技术和应用的四者统一,从数据本身看,大数据是大小超出典型数据库软件采集、存储、管理和分析能力的数据集合;从思维角度看,分析全部数据而非抽样,追求效率而非绝对精确,重视相关性而非因果性;从技术角度看,大数据是从各种各样类型的海量数据中,快速获得有价值信息的技术集成;从应用角度看,大数据是对特定海量数据分析处理,获得有价值信息的行为。大数据在容量(Volume)、类型(Variety)、速度(Velocity)、价值(Value)的"4V"上具有明显的特征。

(1)容量。数据体量巨大,2016年"双十一"活动中,淘宝6h处理数据高达100PB(1PB=1024TB),而到2012年为止,全人类生产的所有印刷材料的数据量才为200PB。

(2)类型。数据类型多样,其包括文本、图片、视频、音频、地理位置信息等多类型的数据,远远超出传统数据格式和分析工具能处理的范畴。数据大可分为结构化数据、半结构化数据和非结构化数据,包括图片、视频、音频等多类型的数据。半结构化数据和非结构化数据约占数据总量的80%。

(3)速度。首先是数据增长速度快,据统计,网页、视频类的半结构化和非结构化数据每年都以60%的速率增长,2020年,全球产生了35ZB的数据,如果把35ZB的数据全部刻录到容量为9GB的光盘上,摞起来的高度将达到233万千米,相当于在地球与月球之间往返3次;其次是数据处理速度快,这样才能在第一时间抓住重要信息。例如,淘宝的飞天系统,在2016年对100TB的数据排序仅需377s,此速度打破了2016年的世界运算纪录。

(4)价值。价值密度低但整体价值大。以视频为例,在不间断的监控过程中,1h的视频,可能有用的数据仅仅只有一两秒,但掌握有大量数据,尤其是行业数据的公司,被称为"握有金矿",如阿里巴巴就是依靠数据,高效调动了3500万微商+500万的快递员+100万车辆,仅仅用了13年就超越了沃尔玛,成为世界第一商业平台。据统计:2016年,我国数字经济总量达22.6万亿元,占国内生产总值(Gross Domestic Product,GDP)比例达20.3%;2018年,我国数字经济总量达54万亿元,占GDP比例达60%。

三、关键技术

大数据从产生到应用主要包括"数据采集与处理 - 数据存储与管理 - 数据分析与挖掘 - 数据展示和应用"等环节,在不同的环节中有不同的技术,如图4-1所示。

(一)大数据采集技术

大数据采集技术是通过物联网和互联网的数据采集,利用ETL(Extract - Transform - Lood)、数据探头、爬虫等多种采集工具,收集来自各个渠道的多源异构数据。既可以把非结构化数据(如Word、PDF、图片、语音、视频等文件数据)接入HDFS(Hadoop Distributed File System)或者Kafka中,又可以将不同类型数据库数据、数据库文件接入HDFS或Hive数据库中。大数据采集技术充分利用各种网络平台和庞大的用户群来实施采集,与传统的数据采集技术相比,大数据采集技术具有两方面特点:一方面是更加趋向自动化,不管是数据探头的采集还是网络爬虫进行的网页采集,都是自动实时的采集,这样确保高速增长的数据能够被及时采集;另一方面是充分利用各种网络平台和庞大的用户群来实施采集,有平台、有庞大的用户群,再加上自动采集技术,数据量之大可想而知。

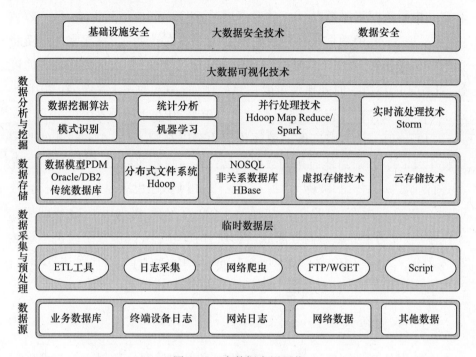

图4-1 大数据应用环节

(二)大数据预处理技术

按照"一数一源"和数据标准化的要求,将采集到的原始数据放到临时中间层后进行抽取、清洗、填补、平滑、合并、规格化以及检查一致性等处理,对数据进行消除重复、消除噪声、遗漏数据处理、数据类型转换等,目的是把数据处理成适合于数据挖掘的形式,成为联机分析处理、数据挖掘的基础,使挖掘更有效;此技术是整个数据处理过程中最耗时的,约占整个数据分析过程总时间的90%,是在入口处对数据质量进行把控的关键环节。

(三)大数据存储及管理技术

数据存储及管理技术是用存储器把采集到的数据存储起来,建立相应的数据库,并进行管理和调用。其主要解决大数据可存储、可处理及有效传输等关键问题。硬件平台主要包含存储服务器集群、计算服务器集群以及运维管控服务器集群等；软件平台包含存储系统（含关系数据库系统、分布式文件存储系统、非关系数据库系统等）和计算框架（含批处理框架、流处理框架等）。将数据库的基础架构用到云存储、分布式文件存储等技术。这些技术从逻辑上组成一体应用的数据资源体系，实现数据资源的动态有序聚合、按需按权调用和高效处理分发。

Hadoop 和 NOSQL 数据库是两种比较典型的分布式数据存储和处理方式。

Hadoop 是基于廉价 PC 服务器的分布式文件系统和分布式计算平台，其核心是 HDFS 和 Map Reduce，HDFS 是一个高度容错的分布式文件系统，为海量数据提供了高吞吐量的访问，适合超大数据集的存储；Map Reduce 是一种编程模型，用于大规模数据集（大于 1TB）的并行运算，当你向 Map Reduce 框架提交一个计算任务时，它会首先把计算任务拆分成若干个 Map 任务，并分配到不同节点去执行，Map 任务完成后，会生成一些中间文件，这些中间文件将作为 Reduce 任务的输入数据，由 Reduce 汇总并输出。

NOSQL 数据库的意义不是 NOT SQL，而是 NOT Only SQL，不仅仅是关系数据库，主要包括键值（Key/Value）数据库、列存储数据库、文档数据库和图形数据库 4 类，其特点是数据类型多样，格式灵活多变，模型简单，关系偏弱，是一种基于廉价 PC 服务器的、可为海量数据快速建立分布式可扩展的数据库。

（四）大数据分析挖掘技术

大数据分析与挖掘技术是将传统的统计分析方法与处理大数据的复杂算法结合起来，挖掘出数据特点，建立模型，从而对未来进行预测。常用的数据挖掘算法和模型包括关联分析、分类分析、聚类分析、回归、决策树、路径优化和预测性分析等。

（1）关联分析。关联分析可用于发现数据库中各属性项之间或各个记录之间的关联关系，并通过关联规则表示出来，常用的关联规则挖掘算法包括 Apriori 算法、FP – growth 算法和 CMAR 算法等。

（2）分类分析。根据一系列已知数据，训练产生一套能描述或区别数据类别的模型，从而预测新的数据所归属的类。常用的分类算法包含 K –

近邻算法、贝叶斯分类算法、支持向量机(Support Vector Machine,SVM)等。

(3)聚类分析。根据"物以类聚"的原则,利用属性特征将数据集合分成若干类别,通过聚类后,达到最大化类内相似性并最小化类间相似性的效果。常用的聚类算法包括 K-Means、BIRCH、DBSCAN 等。

(4)回归。回归主要包含线性回归、非线性回归和逻辑回归算法等。

(5)决策树。从广义上将,决策树也属于分类的一种。常用算法包含 C4.5、ID3 和 CART 等。

(6)路径优化。用于解决多辆运输工具从同一地点或不同地点出发,共同完成位于不同地点的多项任务,找出用最少的运输工具在最短时间(或最短路程等目标)内完成相应任务的车辆调度方案。常用算法包括分支定界法、遗传算法和蚁群算法等。

(7)预测性分析。大数据分析最重要的应用领域,它通过多种高级分析功能的联合应用对数据进行分析,最终实现对发生的未来的不确定性事件做出预测,为辅助决策提供支撑。

(五)大数据展现技术

大数据展现技术主要是数据可视化技术,是将各类数据转换为图形、图像、动画等形式的技术;让数据更直观、更符合人类的认知习惯,从而让人更容易理解隐藏在数据里的知识,并对数据进行更深入的观察和分析。根据可视化原理,可视化分析技术可以划分为基于几何的技术、面向像素的技术、基于图标的技术、基于层次的技术、基于图像的技术等。

例如,装备大数据可视化可以围绕各类装备用户开展建设,根据用户需要,提供一系列数据可视化工具包、服务接口和应用策略方法,包括装备数据信息的符号化表达、数据渲染、数据交互等,实现装备大数据的可视化能力,动态直观地呈现装备保障态势,包括装备保障资源态势、装备保障需求态势、装备保障行动态势等。

(六)大数据安全技术

安全技术主要是指加快研制安全监控软硬件,做好大数据应用平台、网络与主机等基础设施的安全防护,提升大数据环境安全防御水平,通过重构分级访问控制机制、解构敏感数据关联、实施数据全生命周期安全防护,增强敏感数据的保护能力。

大数据安全主要包括基础设施安全和数据安全两个方面。针对各种风险,大数据安全技术应着重提升大数据基础设施安全防护能力和数据防护能力,主要包括基础设施自主可控技术、云安全关键技术、云资源访问控制技术、数据可信验证技术、数据汇聚隐私保护、非结构数据动态脱敏、数据防泄露、软件系统漏洞分析、大数据系统风险评估技术以及大数据安全检测技术等。大数据在应用时,除了面临传统 IT 面临的威胁(如流量攻击、病毒、木马),自身的特点也带来了更大的安全隐患。

(1) 大数据的集中存储。基础设施和各种智能设备都会遇到安全攻击,若是成功攻击一次,则损失巨大,这导致大数据更容易成为攻击目标,而且如果数据泄露、数据被篡改可能导致国家、企业和个人遭受巨大损失。

(2) 数据源头多样、数据多。数据对象范围与分布更为广泛,可供攻击的目标也会增多,隐藏在海量数据中的攻击行为难以被及时发现。使得大数据安全防护更为困难。例如,2018 年 1 月 28 日,20 岁的澳大利亚学生纳森·鲁泽,通过研究美军专属热力助跑 APP Strav 发布的"全球运动热力地图",找到了美军在中东地区和阿富汗的秘密基地,更为严重的是,热力地图能看到的不仅是基地位置,内部人员轨迹也清晰可见,专业人士可以通过热力地图研究出军事设施的运转方式,还可以通过基地的亮度,分析出基地驻军人员数量。

四、发展趋势

互联网企业、医疗、交通、金融、科研等领域已经积累了海量的行业数据,为大数据的发展提供了基础支撑,各领域对于海量数据的分析应用实践也做出了一定的成绩,但很多领域的大数据发展应用仍处于比较初级的阶段,随着技术的进步,以及跨学科领域知识不断融合,大数据发展具有以下趋势。

(1) 创新决策管理模式。在国家经济决策、政府公共服务方面,大数据逐步实现经济、政务、民生医疗、社会安定等各领域数据融合,可以提高政府宏观调控、社会管理和市场监管能力,创新国家智能决策和管理模式。

(2) 重构产业价值体系。大数据产业在应用广度上,将加速向传统领域拓展,拓宽大数据应用范围;在应用深度上,随着产业应用大数据逐步深入,将逐步实现与各领域实体经济的深度融合,加速传统行业从生产、经营、服务及管理方式的变革,实现创新驱动产业价值链体系重构,培育新动能。

(3)融合驱动智能时代。大数据的发展正催生一批专业化的数据服务商(提供数据采集、存储、加工、处理服务)、数据软件提供商(从事数据库、相关工具软件研发)、数据咨询公司(对数据进行专业分析、提供咨询服务)。不仅能够将网络计算中心、物联网技术、移动网络技术、云计算等新型技术充分融合成一体,促进不同科学技术的交叉融合,机器学习还将伴随着多维度、多复合的大数据精准挖掘渗透到各个领域,基于知识图谱的大数据应用将衍生出更多热门应用,智能分析相关应用将不断取得突破性进展,最终进入智能时代。

第二节 大数据技术在装备保障领域的优势

大数据使战争形态和作战样式发生重大改变,并成为战斗力和保障力生成的核心要素。大数据已经渗入军事装备保障的各个领域中,对数据进行搜索、分析、处理的争夺,能大幅改进决策过程,提高保障能力和质量,已成为执行任务的关键所在,是赢得战争胜利的决定因素。

一、实现装备保障信息感应感知

大数据条件下军事装备保障,在很大程度上体现为装备信息获取分析和保障资源调整速度的竞赛,对装备信息的实时性提出更高的要求。大数据及其技术在装备保障活动中,利用强大的数据处理和分析功能,将各种作业终端获取的故障、拆装、改装、修理、调整等海量装备保障数据和任务计划、维修人员等自然信息,进行快速准确的融合收集、处理、存储,形成全维一体的装备保障信息源,运用大数据技术无隙的分析得出实时数据需求,运用传感器技术和网络技术采集有价值的数据信息,从而建立起自动感应的数据自主处理和采集模式,以达成装备保障单元之间,能够实时感知装备保障信息。

二、优化装备保障组织指挥决策

观察—判断—决策—行动(OODA)循环理论认为:每一个层级的军事

行动,都是一个"观察—判断—决策—行动"的过程,胜负的关键在于怎样顺利而快速完成己方的作战行动,实现快打慢。装备保障决策是进行数据分析、行动方案设计并最终选择行动方案的过程,只有建立在正确分析预测之上,才能设计出最佳保障行动方案。大数据以其强大的装备保障数据资料存储能力,高速的数据处理和运算能力,对装备保障信息实施快速汇聚和融合,为保障指挥机构和指挥员随时、随地提供数据信息和决策模型,形成各类实时态势图,实时推送给各级装备保障单位,形成前后方一体联动,同步指挥和实施装备保障活动。同时,大数据在改变决策模式的同时,也对决策思维产生了巨大影响,让决策更加注重结论,而过去注重更多的是过程和原因,这使装备保障决策效率有了最大限度的提升。例如,美军将基于云计算环境的智能系统"求雨者"部署运用在阿富汗,解决了数据量剧增的难题,并不断启动"X-数据"等一系列有关大数据的研发项目,旨在发现重要的作战信息,缩短指挥作业时间,从而赢得战争主动权。

三、助力实现装备保障精确计算

如果说"世界的本质是数据",那么装备保障的本质更是数据,因为装备保障离不开计算,计算也离不开数据。信息化条件下,装备保障日益成为影响部队作战能力生成的重要因素,而影响、决定保障行动的最大核心数据的收集整理和分析处理,深化大数据应用,加快大数据技术建设部署,是推动装备保障建设向信息化转型、形成新型保障能力的内在需求和必然选择。创新装备保障模式,必须由传统的"粗放保障"模式向适时、适地、适量的"精确保障"模式转换,大数据技术可以直接提高装备保障的精准度。

(1)保障任务直达一线。利用大数据技术,统一数据编码和数据格式标准,建立格式化消息数据库,装备保障指挥员可利用广域分布的云计算网络,将武器控制信息直达一线装备保障人员,实现基于格式化数据的无缝式管控。

(2)装备保障精度更高。利用大数据技术,将远程专家诊断系统、故障信息分析处理系统、保障资源库、保障人员能力素质信息系统实现互联互通,提供动态、实时、准确的装备信息,缩短装备保障信息的流转时间,提高数据信息的精度,为快速精准实现装备保障提供系统支持。

四、高效支撑装备保障教育训练

大数据技术可以为装备保障训练提供科学的训练手段,即使身处远海大洋或落后偏远地区的保障人员,也可以低成本、高频度、全指标、高效率地通过教育训练系统参与装备保障相关知识学习,参加装备保障教育训练。

例如,借鉴淘宝模式,军事职业教育已全面推开,利用军综网梦课平台和互联网平台的门户网站,开展在线教育、翻转课堂、MOOC 和微课程的学院,利用微信公众号和手机 APP 开展移动平台教育,构建装备保障教育训练平台,真正实现教学资源的高度共享,满足个性化教育训练学习需求,推动个性化学习与发展。个性化教育训练平台之所以强大,正是因为其背后的大数据技术的支持,单个个体学习训练行为的数据似乎是杂乱无章的,但当数据累积到一定程度时,群体的行为就会在数据上呈现一种秩序和规律,通过收集数据,并分析、总结这种秩序和规律,就能通过计算机对参训者提供有效的指导和帮助。

五、科学提高装备保障管理水平

管理学大师彼得·德鲁克曾经说过"你如果无法度量它,就无法管理它"。随着我军装备科技含量越来越高,带来装备管理的数据越来越多,以往的管理需要耗费大量的时间和精力,从数据角度看,对数据的利用效率却没有得到实质性的提高,数据量的增大并没为装备保障管理工作带来有效的助力,相反,却是面对海量数据的无奈。大数据技术创新装备保障管理手段主要分为群集技术、分类技术和预测技术,群集技术就是在无序的方式下集中信息,分类技术就是集中和指定目标以预先确定定义好值的集合,预测技术就是对某些特定的对象和目录输入已知值,并且把这些值应用到另一个类似集合中,以确定期望值或结果。当前,装备保障管理信息数据获取的种类难以全面覆盖,内容不完整,而装备保障管理数据资源是要获取管理对象及其管理活动的全部数据,而不是选取少量的"样本"数据;在人工管理条件下,也存在非精确性的数据,还包容更多具有混杂性的数据,装备保障管理数据很难做到客观和标准统一。将大数据应用于装备保障管理,在大数据技术支撑下,可以对每个装备保障相关数据加以收集、分析,合理赋予管理指标任务,还可以通过开源管理数据的提取,丰富管理潜力数据,优化选择,科学提高装备保障管理水平。

第三节　大数据技术对装备维修保障的影响

现代武器装备体系结构日趋复杂、科技含量高,其作战能力的发挥对装备维修保障的依赖也越来越大,大数据可以有效地将来自各个信息源的装备数据存储整合,经由"云端"实现实时互通,在提供知识资源的同时,通过分析计算保障任务需求及预计,整合各类装备维修资源,合理布置装备维修保障力量,帮助各级指挥员更好地制定装备维修保障方案,提高装备维修保障效益。

一、为装备维修保障决策提供依据

大数据技术为装备维修保障决策提供依据的内容包括:

(1) 融合战场态势,智能辅助决策。对于装备保障指挥员来说,只有全面、及时了解战场保障态势,才能进行准确的分析和判断,做出科学高效的决策,最终完成保障打赢的任务,反之将可能导致整个战争的失败。信息化条件下的联合作战,利用大数据整合战场感知、情报和侦察等系统,大量的高价值数据能够及时进入装备保障信息平台,形成一张动态的战场保障态势图,通过智能化的装备决策模型,能够创造出可以自主作业并辅助指挥员决策的智能保障系统。指挥员通过这样的智能后勤系统,能够实时了解后勤装备的保障力量、保障资源、保障任务、保障动态等信息,融合处理各种后勤装备数据,自动制定并优化后勤与装备保障方案,从而辅助指挥员做出更科学的指挥和保障决策。

(2) 分析保障数据,明确需求重点。大量来源于不同空域、时域、视域和能量域的数据不断涌向指挥机关,给指挥员对作战行动的高效科学决策带来很大困难,通过发挥大数据分布式交互能力强的特点,对大数据进行整合,并加以有效地辨识、筛选和计算,将其转化为对作战指挥决策起支撑作用的结论性指标,为装备保障需求的制定提供精准而科学的辅助决策。大数据可以对各个方向的装备维修保障需求程度进行测算和排序,帮助指挥员更好地把握装备维修保障需求重点,及时采取有针对性的措施,合理部署装备维修保障力量,从而能够大大提高装备维修保障的靶向性水平和信息化程度。

(3)实施动态监测,提供指挥控制依据。通过大数据的实时监测能力,可随时了解装备维修保障决策的执行情况和装备维修保障活动的实施情况,通过关联多项指标,经过评估系统对决策的合理化程度进行评估,为后续决策的制定提供参考和依据,提高高新技术及其装备维修保障应用决策的科学性和准确性。

二、为装备维修保障计算提供支撑

未来信息化战争中,装备保障的规模不断扩大、维修器材物资种类不断增多、保障对象不断变化,采集和处理范围不断扩大,积累的数据规模愈加庞大,将是现在的几何倍数,这些数据关系愈加复杂,大数据的典型特征更加明显。以分布式文件系统、大规模数据并行算法等为核心的大数据处理技术,将实现在海量数据中自动搜索,跨越时间和空间发现新知识、探索新规律。从数据库到数据云中心,从局部可视到全范围感知,从数据抽样到全样本分析,从因果关系分析到相关关系分析,使得通过大数据研究保障规律的环境、条件和技术方法逐步具备。因此,我们可以通过大数据处理技术高效处理海量数据,利用大数据分析挖掘技术,对其进行分类、整理、分析和反馈,对维修需求、任务预计、器材储备、资源分配等情况了然于胸,从中研究保障规律和特点,从而对平时或战时军事行动装备维修保障进行需求预测,形成科学的保障预案,进而准确预测保障需求、精确实施物资配送、及时调控保障行动,使有限的保障资源发挥最大的保障效益。

例如,海湾战争前,美国从本土将53.5万兵力和近600万吨物资、装备运到海湾,却由于对后勤保障规律缺乏足够的认识,致使许多物资千里迢迢运到前线,却发现适用率不到20%,造成了人员和物资的极大浪费,严重影响了保障效率。而在伊拉克战争中,美军后勤部门利用预测系统,通过对历史运输投送数据、仓库布局和存储物资数据的关联分析,准确预测出48h内的保障需求,并据此优化了运输保障计划、运输线路和仓库存储方案,实现了在正确的时间将正确数量的物资和装备送达正确的地点,交付给正确的需求方。之所以能够准确预测48h保障效果,是因为美军在伊拉克战争前,对其后勤信息系统进行了升级改造,通过在战场建立各级数据中心,统一了数据标准、规范了数据体系,征用和租用了部分商业卫星、民用信息网络以弥补以往数据传输能力的不足,并接入美国全球运输网,使其数据传输、共享、处理能力得到大大提高,物资数据实现了实时在线共享,数据分析筛选能力提高了100倍,数据价值得到了充分的应用。

三、为维修力量整合提供信息平台

在维修力量方面,大数据可以实现动态掌握军地各类装备维修力量的分布和保障任务需求情况,将它们有机地结合起来,根据装备保障需求信息和装备保障力量的状态信息,按照先急后缓、先易后难的原则及时预测装备保障难点,支撑制定包括跨区域装备机动保障和多部门联合保障在内的,多种类型装备维修保障决策,确保高新技术装备维修保障应用能够突出重点、提前准备、随到随修,从而提高装备维修保障快速反应能力和应急装备抢修能力;在维修设备器材方面,利用大数据分析作战预案、作战消耗数据、仓库存储数据等,可以科学预置维修器材的种类和数量,将恰当数量的战备物资提前存放在主要战略方向或预定战区。同时,大数据能够将海内外、军内外可知的装备备件、维修器材等有机地链接起来,实现一体化管理,在维修器材设备的筹措、仓储、投送环节,大数据可以实现海内外维修力量资源的一体动员,实现维修器材、装备备品备件的快速入库、就近出库、高效投送,在库存管理环节,可实现透明化和可视化,形成装备维修力量和器材设备的"一本账",在投送环节,大数据可根据装备维修保障需求、海外保障点分布及任务部队行动区域等要素,智能优化投送路径,要求打破层级界限,合理调配装备维修保障力量,精准选择装备维修保障资源,合理优化装备投送方案,实现装备维修保障能力的整体提升。

四、为保障能力生成提供方法途径

大数据具有存储量大、交互性强的特点,能够存储海量的装备维修保障资料、数据和信息,可以为装备维修人员装备信息和技术指导提供便利,成为部队装备维修技能的信息资源库和指导中心,促进装备维修能力生成。一方面,通过网络操作,连接各种终端设备,装备维修人员不仅可以学习武器装备的基本维修知识,也能够获取各类装备维修资料和数据,还能够调用各类设备运行、装备维修记录,上传装备维修经验,从而加速装备维修知识的传播、带动装备维修保障能力的提升,通过查看装备维修的开展情况记录以及综合修复后的装备运行状态,大数据可以对装备维修质量进行评估,为装备维修人员业务能力评判提供参考依据,查找不足,提高业务素质;另一方面,借助大数据平台,可以实现远程技术支持,通过视频互联、在线查询数据库等方式,在线专家等技术力量联合发力,提升部分维修力量的维修技能和整体素质,为提升伴随保障能力生成提供有力支撑。

五、为装备状态提供动态评估监测

未来的信息化战争的突出特点是以"快"制"慢",单位时间内装备战损率急剧加大,对装备维修保障的依赖性更大,要求信息系统能够动态评估保障效果,才能及时调控保障行动。以往由于信息技术的局限性,获取的数据量少、不能实时更新,无法动态评估保障效果,而以大数据为支撑的装备保障信息平台,使我们拥有了海量存储、快速处理、科学分析等能力,能够实时监控、分析数据量大、信息多、种类杂的保障数据,动态评估后勤装备保障效果,据此调整保障行动。同时,在执行作战行动过程中,武器装备会不断产生大量数据,其中,隐藏着许多不为人所注意的细节,如部分仪器、仪表指数的跳变等,这些细节往往不易被人察觉,但却可能成为装备故障隐患的源头,大数据可以有效洞悉这些"蚁穴",从而防止"千里之堤"的溃决。大数据可以采集来自各种传感器的数据流,对每一个异常数据进行标记,经过对这些数据的分析,逐个为它们的产生寻找相关性,并将这些相关指标进行归类和总结,最终按照可能性概率,将导致装备异常的所有情况进行排序,帮助分析这些异常究竟源自误操作还是部件老化、温度过低还是其他情况,达到追溯根源的目的,借助网络平台,大数据可以实现对装备故障的远程监控和预警,帮助指挥机构实时了解,执行任务的装备运行状态,及时防范可能出现的装备故障隐患,为及时发现和防范装备故障发生提供预警机制。

第五章 物联网技术及其装备维修保障应用

物联网是物体通过射频识别等信息传感设备并借助互联网技术实现物与物相连,是下一代信息技术的重要组成部分。当前,物联网已成为我国新一轮经济科技发展的重要战略支点,必将对未来军事行动装备保障提供强有力的技术和物资支撑。

第一节 物联网技术综述

建设完善的基于物联网的保障体系,可以实现物品的智能化识别、定位、跟踪、监控和管理,将装备保障与数字化战场环境融为一体,将极大地增强装备保障能力。

一、基本概念

物联网是信息化时代的重要发展阶段。中国物联网校企联盟将物联网定义为,当下几乎所有技术与计算机、互联网技术的结合,实现物体之间,环境以及状态信息实时的共享以及智能化的收集、传递、处理、执行。广义上说,当下涉及信息技术的应用,都可以纳入物联网的范畴。而在著名的科技融合体模型中,提出了物联网是当下最接近该模型顶端的科技概念和应用。物联网是一个基于互联网、传统电信网等信息承载体,让所有能够被独立寻址的普通物理对象实现互联互通的网络。

2005 年,国际电信联盟(ITU)在信息社会世界峰会(WSIS)上正式提出物联网的概念,物联网是指通过电子标签、传感器、全球定位系统、扫描器等信息传感设备,按约定的协议,把物品与互联网或特定网络连接起来,进行信息交换和通信,以实现智能化识别、定位、跟踪、监控和管理的一种网络。

这次会议报告同时指出,无所不在的物联网通信时代即将来临,射频识别技术(RFID)、传感器技术、纳米技术、智能嵌入技术将得到更加广泛的应用,人类在信息与通信世界里将获得一个新的沟通维度,任何时间、任何地点的人与人之间的沟通连接将扩展到人与物和物与物之间的沟通连接。这里面包含两层意思:一方面,物联网的核心和基础仍然是互联网,是在互联网基础上的延伸和扩展的网络;另一方面,其用户端延伸和扩展到了任何物品与物品之间,进行信息交换和通信。物联网用途广泛,遍及智能交通、环境保护、政府工作、公共安全、智能消防、工业监测、水系监测、敌情侦察和情报搜集等多个领域,可以将物联网理解为"物物相连的互联网"。

二、主要特征

物联网具有全面感知、可靠传输、智能处理三大特征。

(1) 全面感知。全面感知是指物联网随时随地获取物体的信息。物联网要将大量物体接入网络并进行通信活动,对各物体的全面感知是十分重要的。要获取物体所处环境的温度、湿度、位置、运动速度等信息,就需要物联网能够全面感知物体的各种需要考虑的状态。全面感知就像人身体系统中的感觉器官,眼睛收集各种图像信息,耳朵收集各种音频信息,皮肤感觉外界温度等。所有器官共同工作,才能对人所处的环境条件进行准确的感知。物联网中各种不同的传感器如同人体的各种器官,对外界环境进行感知。物联网通过RFID、传感器、二维码等感知设备对物体各种信息进行感知获取。

(2) 可靠传输。可靠传输对整个网络的正确高效运行起到了很重要的作用,是物联网的一项重要特征。可靠传输是指通过物联网对无线网络与互联网的融合,将物体的信息实时准确地传递给用户。获取信息是为了对信息进行分析处理从而进行相应的操作控制。将获取的信息可靠地传输给信息处理方。可靠传输在人体系统中相当于神经系统,把各器官收集到的不同信息传输到大脑中方便人脑做出正确的指示。同样,也将大脑做出的指示传递给各个部位进行相应的改变和动作。

(3) 智能处理。在物联网系统中,智能处理部分将收集来的数据进行处理运算,然后做出相应的决策,来指导系统进行相应的改变,它是物联网应用实施的核心。智能处理是指利用各种人工智能、云计算等技术对海量的数据和信息进行分析与处理,对物体实施智能化监测与控制。智能处理相当于人的大脑,根据神经系统传递来的各种信号做出决策,指导相应器官进行活动。

三、关键技术

目前公认的物联网架构分为感知层、传输层和应用层,其中,最基础也是最核心的技术在感知层。感知层在物联网中,如同人的感觉器官对人体系统的作用,用来感知外界环境的温度、湿度、压强、光照、气压、受力情况等信息,通过采集这些信息来识别物体。感知层包括传感器、RFID、EPC 等数据采集设备,也包括在数据传送到接入网关之前的小型数据处理设备和传感器网络。感知层主要实现物理世界信息的采集、自动识别和智能控制。感知层是物联网发展的关键环节和基础部分。作为物联网应用和发展的基础,感知层涉及的主要技术包括 RFID、传感和控制技术、短距离无线通信技术以及对应的 RFID 天线阅读器研究、传感器材料技术、短距离无线通信协议、芯片开发和智能传感器节点等。

(一)射频识别技术

射频识别技术是一种非接触式的自动识别技术,它利用射频信号,实现对目标对象的自动识别并获取相关数据。RFID 是物联网感知层的关键技术之一。物联网感知层需要感知各种物体,如何快速辨识物体是一个非常重要的问题,RFID 这种非接触式自动识别技术的出现很好地解决了这一问题,成为物品识别最有效的方式。该技术始于第二次世界大战后,兴起于 20 世纪 90 年代。目前,RFID 在世界范围内正在被广泛使用。

RFID 系统由电子标签、阅读器和主机系统构成,来源于雷达技术,其工作原理也和雷达相似。首先,阅读器(读写器)通过自身的天线发射射频信号,电子标签接收到信号后,发送内部存储的标识信息,当阅读器接收到标签发送的信号后,将信号所携带的信息发送给主机系统(信息系统),由主机处理该信息。

RFID系统按照不同的分类标准有多种分类方法。根据系统工作频率，可将RFID系统分为低频系统、中频系统和高频系统三大类；根据RFID标签内是否需要电池供电，又可将其分为有源系统和无源系统两大类；根据系统保存的信息写入方式，可分为集成电路固化式、现场有线改写式和现场无线改写式三大类；根据读取电子标签数据的技术实现手段，可将其分为广播发射式、倍频式和反射调制三大类。有源RFID和无源RFID是人们经常采用的分类方法。标签内装有电池的RFID系统称为有源系统，有源系统一般具有较远的阅读距离，但是对有源系统而言，电池的寿命有限，一般是3~10年；标签内没有电池的RFID系统为无源系统，无源系统工作时，阅读器发射的电磁波转化为能量供应系统正常读取信息，由于阅读器电磁波转化的能量限制，无源系统的阅读距离有限，并且不适于在高速运动的情况下读取标签。RFID在本质上是物品识别的手段，相比传统的条形码、二维码，它具有一些非常明显的优点，可以大幅提高货物、信息管理的效率。

（1）读取方便快捷。数据的读取无须光源，甚至可以透过外包装来进行。有效识别距离更大，采用自带电池的主动标签时，有效识别距离可达30m以上，非接触识别是RFID的最大优势。

（2）识别速度快。标签一进入磁场，读写器就可以即时读取其中的信息，而且能够同时处理多个标签，大多数情况下不到100ms。

（3）数据容量大。数据容量最大的二维条形码，最多也只能存储2725个数字；若包含字母，则存储量会更少；RFID标签可以根据用户的需要扩充到数千字节甚至更大。

（4）使用寿命长，应用范围广。射频识别技术无线电通信方式，使其可应用于粉尘、油污等高污染环境和放射性环境，而且封闭式包装使得其寿命大大超过印刷的条形码。

（5）标签数据可动态更改。RFID标签可以重复地新增、修改、删除RFID卷标内储存的数据，方便信息的更新。

（6）更好的安全性。RFID不仅可以嵌入或附着在不同形状、类型的产品上，而且可以为标签数据的读写设置密码保护，从而具有更高的安全性。

（7）动态实时通信。标签以与50~100次/s的频率与读写器进行通信,所以只要RFID标签所附着的物体出现在读写器的有效识别范围内,就可以对其位置进行动态的追踪和监控。

目前,RFID在军事方面已经应用到人员门禁、电子商票、装备物资管控、维修保障等军事物联网领域。未来,RFID在加快单品信息采集、提高装备管理效率,人员物资动态显示、助力战场统筹规划、缩短保障补给时间、实现后装管理高效、战场资源精确感知、提升作战保障能力等方面将得到更为广泛的应用。

(二) 传感器技术

GB 7665—2005《传感器通用术语》中对传感器的定义是:"能感受被测量并按照一定的规律转换成可用输出信号的器件或装置,通常由敏感元件和转换元件组成。"传感器更通俗的说法是换能器、变换器,是人的五官功能的扩展和延伸,能够将各种外界信号变换成可以直接测量的信号。传感器是各种信息处理系统获取信息的一个重要途径。在物联网中传感器的作用尤为突出,是物联网中获得信息的主要设备,传感器技术是物联网感知层最核心的技术之一。作为物联网中的信息感知与采集设备,传感器利用各种机制把被观测量转换为一定形式的电信号,然后由相应的信号处理装置来处理,并产生相应的动作。传感器早已渗透到诸如工业生产、宇宙开发、海洋探测、环境保护、资源调查、医学诊断、生物工程、甚至文物保护等极其广泛的领域。可以毫不夸张地说,从茫茫的太空,到浩瀚的海洋,以至各种复杂的工程系统,几乎每一个现代化项目都离不开各种各样的传感器。

根据传感器工作原理,传感器可分为物理传感器和化学传感器。物理传感器应用的是物理效应,诸如压电效应、磁致伸缩现象、离化、极化、热电、光电、磁电等效应,被测信号量的微小变化都将转换成电信号,常见的传感器包括温度、压力、湿度、光、霍尔磁性传感器等。化学传感器包括以化学吸附、电化学反应等现象为因果关系的传感器,被测信号量的微小变化也将转换成电信号。

微电子技术、通信技术以及无线通信等技术的发展,使得传感器的体积越来越小,并在微小体积的芯片内集成了信息采集、数据处理以及无线通信等许多功能。随着科技进步和应用需求的不断深化,传感器的发展正朝着小型化和智能化方向发展,其中最具代表性的是微机电系统(Micro Elector Mechanical System,MEMS)传感器和智能传感器。

MEMS传感器由于体积小、功耗低,便于集成,在物联网时代应用非常广泛。它是一种由微电子、微机械部件构成的微型器件,多采用半导体工艺加工。目前,已经出现的MEMS传感器包括压力传感器、加速度计、微陀螺仪、墨水喷嘴和硬盘驱动头等。MEMS传感器的出现体现了当前传感器小型化的发展趋势。

智能传感器是一种具有一定信息处理能力的传感器,目前多采用把传统的传感器与微处理器结合的方式来制造。在传统的传感器构成的应用系统中,传感器所采集的信号通常要传输到系统中的主机中进行分析处理;而由智能传感器构成的应用系统中,其包含的微处理器能够对采集的信号进行分析处理,然后把处理结果发送给系统中的主机。智能传感器能够显著减小传感器与主机之间的通信量,并简化主机软件的复杂程度,使得包含多种不同类别的传感器应用系统易于实现;此外,智能传感器常常还能进行自检、诊断和校正。

在军事上,智能传感器的应用极为广泛,可以说无时不用、无处不在,大到卫星、飞机、舰船、火炮等装备系统,小到单兵作战武器,从参战武器系统到装备与装备保障,从军事科学实验到军事装备工程,从战场作战到战略、战术指挥,从战争准备、战略决策到战争实施,遍及整个作战系统及战争的全过程,而且必将在未来的信息化战争中扩大作战的时域、空域和频域,影响和改变作战方式,提高作战效率,大幅度提高武器的威力和作战指挥及战场管理能力。

(三) 无线组网技术

1. ZigBee组网技术

ZigBee是一种新兴的短距离、低速率无线网络技术,它是一种介于无线标记技术和蓝牙之间的技术方案。EigBee此前称为HomeRF Lite或FireFly无线技术,主要用于近距离无线连接。它有自己的无线电标准,在数千个微小的传感器之间相互协调实现通信。这些传感器只需要很小的能量,以接力的方式通过无线电波将数据从一个传感器传到另一个传感器,所以它们的通信效率非常高。最后,这些数据就可以进入计算机用于分析,或者被另外一种无线技术收集。ZigBee 是由多个(可多达 65000 个)无线数传模块组成的一个无线数据传输网络平台,类似于现有的移动通信的 CDMA 网或 GSM 网,每一个 ZigBee 网络数据传输模块相当于移动网络的一个基站,在整个网络范围内,它们之间可以进行相互通信;每个网络节点间的距离可以从 75m 到几百米,甚至几千米;同时,整个 ZigBee 网络还可以与现有的其他各种网络连接。

2. 低功耗广域网络技术

低功耗广域网(Low Power Wide Area Network,LPWAN),是一种远距离低功耗的无线通信网络,作为现今物联网接入网技术的主要热点之一、相较于传统的移动蜂窝技术(如 2G、3G、4G 等)和短距离通信技术(如蓝牙、ZigBee 等),LPWAN 具备低成本、低功耗、广覆盖、大连接的特点,能很好地与物联网应用需求相匹配。主流 LPWAN 技术包括 LoRaWAN(Long Range Wide Area Network,超远距离广域网)、NB – IoT(Narrow Band Internet of Things,窄带物联网)等。

(1) LoRaWAN 技术。LoRa(Long Range)是美国升特(Semtech)公司的私有物理层技术,主要采用了窄带扩频技术,抗干扰能力强,大大改善了接收灵敏度,在一定程度上奠定了 LoRa 技术的远距离和低功耗性能的基础。为了推广 LoRa 技术在物联网领域中的应用,Semtech 牵头并联合 IBM、Actility 和 Microchip 于 2015 年 3 月成立了 LoRa 全球技术联盟(LoRa – Alliance),以 LoRa 技术为基础共同开展 LoRaWAN 标准的制定工作和构建产业生态系统。总的来说,LoRaWAN 是为解决物联网和智慧城市应用中 M2M(Machine – to – Machine)无线通信需求、工作在 433/868/915MHz 非授权频段的低功耗广域接入网技术。

LoRaWAN 采用了星形(star – of – stars)拓扑,网络中一般包含多个终端节点(End Node)、多个 LoRa 基站(或称网关,Gateway)和一个公共服务器(Network Server)。网络中的所有节点都是独立的,节点间无链路,任何应用中的任何节点都直接与一个或多个 LoRa 基站进行通信,这样大大节省了节点的功耗,也规避了因个别节点的故障而造成的网络瘫痪,提高了网络的稳定性。LoRaWAN 也考虑了基站的功耗设计,在 LoRaWAN 中,基站分别与节点和服务器进行双向通信,只负责在接收到数据包后添加基站的 MAC 地址、协议版本以及一些供服务器进行网络管理的必要信息,如 RSSI(Received Signal Strength Indication)、信噪比(Signal – Noise Ratio,SNR)、接收频率、数据速率等,然后将数据包转发出去,整个网络的管理(如终端发射功率、基站调度等)都在服务器端进行,大大降低了基站的复杂度和功耗。在服务器端,服务器根据接收信号的传输质量,采用 ADR 方案控制节点的传输速率和射频输出,最大化网络的吞吐量和最小化网络终端节点的功耗。例如,服务器会分配低 SF 给靠近网关的节点,在满足接收端灵敏度的同时,提高传输速率,释放信道资源给其他节点,提升网络吞吐量,扩展网络容量。

(2) NB – IoT 技术。NB – IoT 是由 3GPP 负责标准化、目标克服物联网主流蜂窝标准设置中的功耗高和距离限制,并且采用授权频带的技术。它基于现有的移动蜂窝网络,使用 LTE 的无线技术,可减少开发全系列技术规范的时间,对于采用授权频谱的电信运营商来说,该技术可通过对现有蜂窝设备升级的方式,使运营商能够以低成本高效率地切入新兴的物联网市场。NB – IoT 主要关键技术包括窄带通信技术和网络优化技术。

① 窄带通信技术。窄带信号功率谱密度高,可显著提高信号的抗干扰能力,在 LPWAN 技术中被广泛采用。相对于传统的 LTE 网络,NB – IoT 的系统带宽仅为 200kHz,除去 10kHz 的保护带,实际传输带宽仅为 180kHz;系统带宽被进一步划分为多个更窄的子载波,一方面进一步提高功率谱密度,另一方面便于系统灵活地选择频点。为降低终端功耗,减小终端处理的复杂度,下行不支持波束赋形与空分复用等较复杂的传输方式。物理层上行除常规的 15kHz 子载波间隔外,还增加了 3.75kHz 的子载波间隔,支持用户上行使用单子载波传输,以提升上行传输的功率谱密度,增加覆盖能力。同时,3GPP 在物理层上引入了重复传输的机制,通过重复传输的分集增益和合并增益来提升解调门限,这为上下行覆盖增强提供了强有力的支撑。

② 网络优化技术。NB – IoT 在高层方面主要是对现有的 4G 网络进行优化,以达到节省开销、降低终端功耗的目的。①优化系统信息:通过延长系统信息,有效降低上行随机接入、小区选择和重选的频次,以降低终端功

耗。②优化空闲态。③优化接入控制:通过覆盖增强对随机接入过程进行优化,根据用户覆盖等级不同调整用户随机接入次数。当终端出现状态异常时,可以优先接入系统,系统将优先处理进行故障排查定位。④优化信令:为了节省业务面开销,NB-IoT支持控制面传输小数据的核心网方案。为进一步降低终端功耗,控制面对分组数据汇聚协议(Packet Data Convergence Protocal,PDCP)和加密过程进行优化,减少信令交互过程。正因为NB-IoT独特技术,使其相比于其他无限组网技术具有较大优势,符合大范围实时连接物联网应用需求。①强链接,在同一基站的情况下,NB-IoT可比现有无线技术提供50~100倍的接入数。一个扇区能够支持10万个链接,支持低延时敏感度、超低的设备成本、低设备功耗和优化的网络架构。举例来说,受限于带宽,运营商给家庭中每个路由器仅开放8~16个接入口,而一个家庭中往往有多部手机、笔记本、平板电脑,未来要想实现全屋智能、上百种传感设备需要联网就成了一个棘手的难题。而NB-IoT足以轻松满足未来智慧家庭中大量设备联网需求。②高覆盖,NB-IoT室内覆盖能力强,比LTE提升20dB增益,相当于提升了100倍覆盖区域能力。不仅可以满足农村这样的广覆盖需求,对于厂区、地下车库、井盖这类对深度覆盖有要求的应用同样适用。以井盖监测为例,过去通用分组无线业务(General Packet Radio Service,GPRS)的方式需要伸出一根天线,车辆来往极易损坏,而NB-IoT只要部署得当,就可以很好地解决这一难题。③低功耗,低功耗特性是物联网应用的一项重要指标,特别对于一些不能经常更换电池的设备和场合,如安置于高山荒野偏远地区中的各类传感监测设备,它们不可能像智能手机一天一充电,长达几年的电池使用寿命是最本质的需求。NB-IoT聚焦小数据量、小速率应用,因此NB-IoT设备功耗可以做到非常小,设备续航时间可以从过去的几个月大幅提升到几年。④低成本,与LoRa相比,NB-IoT无须重新建网,射频和天线基本上都是复用的。以中国移动为例,900MHz里面有一个比较宽的频带,只需要清出来一部分2G的频段,就可以直接进行LTE和NB-IoT的同时部署。低速率、低功耗、低带宽同样给NB-IoT芯片以及模块带来低成本优势,模块预期价格不超过5美元,随着技术进步、应用范围不断扩大,价格还将进一步下降。

四、发展趋势

物联网的发展趋势有以下几种:

(1)物联网和人工智能相互促进。物联网是由网络传输数据的设备组成的,这些设备会产生难以想象的大量数据,而如何有效管理这些数据是一个现实问题。机器学习是一种人工智能,它可以在不编程的情况下自主学习,计算机从设备接收到数据,并对这些数据进行学习,以了解用户的偏好并相应地进行调整。为了处理这些大量的用户数据,物联网构建设备和人工智能之间的数据流,并且帮助管理这些数据,避免任何人为错误。人工智能被认为是物联网的发展方向,也是物联网革命的关键推动力。

(2)5G 成为物联网的刚需。科学家预计,从 2020—2030 年的 10 年间,物联网设备将从 750 亿个增长到 1000 多亿个,从 4G 到 5G 的提升对物联网增长来说是最重要的;4G 网络在单个 cell 上可以支持 5500~6000 个 NB-IoT 设备,在 5G 网络中,一个 cell 最多可以处理 100 万个设备。

(3)路由器安全性变得异常重要。路由器安全性受到高度重视,以阻止不安全的访问。当物联网的安全性得以有效保护时,它才会变得更智能、更高效。智能设备与互联网相连,如智能电视、安全摄像头、门锁等,可以为你的生活增添奢华和舒适,同时也会带来不安全的网络攻击。因此,在这里,路由器将扮演一个重要的角色,作为互联网进入家庭的入口点。当你的智能物联网设备受到攻击时,路由器将通过密码验证、防火墙来保护网络安全,并允许在网络上配置特定的设备。

第二节 物联网技术在军事装备保障领域的优势

物联网被广泛认为是军事领域"一座尚未探明储量的金矿",代表了下一代信息技术的发展方向,成为新一轮世界经济发展的技术驱动力,引发了一场划时代的军事技术革命和作战方式变革,使军队建设和保障方式发生新的重大变化。鉴于物联网技术在军事应用中的巨大作用,世界各国军事部门都对物联网及其传感器网络给予了高度重视。当前,美国、欧盟、日本等世界主要军事强国均将物联网建设纳入国家顶层战略计划,以期在新一轮军事变革中占据有利位置。

一、优化装备保障指挥流程

物联网军事应用的核心意义,重在围绕战场态势感知、智能分析判断和行动过程控制等因素,使系统实现全方位、全时域、全频谱的有效运行,提高战场对己方的透明度,全面提升基于信息系统的体系作战能力,物联网技术是未来联合作战指挥决策的辅助支撑,是信息化战场指挥人员运筹帷幄的无形利器。物联网在军队装备维修保障、器材物资管理、战场情报侦察、行动联合保障等方面都得到广泛的应用。军事物联网将大量传感器连接入网,感知战场情况,支持人与物、物与物之间的控制,军事物联网赋予了指挥信息系统"触觉""视觉""听觉"等感知能力和认知能力,实现物理世界与信息网络的高度融合,支持更快、更全、更准、更自动化地进行信息获取、传输、处理、施效,进一步缩短"观察—判断—决策—行动"周期,可以极大提升部队体系作战和装备保障指挥能力。

二、实现全资产可视化管理

运用物联网技术,大力发展军队装备保障物联网建设,推动装备保障模式从储备式向配送式转变,可以取得较高的装备保障效益。RFID 广泛应用于装备全资产可视化系统,可以及时、准确地向上级指挥机构和相应部门及用户提供部队、人员、装备和补给品的位置、运输状况、特性等信息,用有限的资源快速完成对作战行动的优势保障,以最小的保障资源获取最大的保障效益,可以极大提升战场装备保障能力。例如,美军基于物联网技术,通过"全资产可视性计划"实现了后装保障系统对人员流、装备流、物资流的全程透明化管理,实现了"被动储备式"向"主动配送式"的转变,相比海湾战争,在伊拉克战争中海运量减少了 87%,空运量减少了 88.6%,战略资源装备动员量减少了 89%,战役物资储备减少了 75%,实现了"需求可视""在储资产可视""在运资产可视""在处理资产可视""投送力量可视"等诸多概念,大大提高了美军后装保障能力,促进了战斗力提升。

三、实时感知战场装备态势

物联网技术自诞生以来,在军事领域得到了广泛应用,尤其是世界军事强国,非常注重发挥物联网技术的优势。美国陆军2001年提出了"灵巧传感器网络通信"计划,其基本思想是在战场上布设大量的传感器以收集和传输信息,并对原始数据进行过滤,然后把重要信息传送到数据融合中心,将大量信息集成融合成一幅战场全景图,使得战场作战装备和人员的态势感知能力得到大幅提高。美国陆军的"无人值守地面传感器群"项目,可使基层部队指挥员根据需要能够将传感器灵活部署到任何区域,其"战场环境侦察与监视系统"智能化传感器网络项目,可以及时探测、掌握沙漠、寒区、丛林等作战地域的道路、水文、地形地貌等更为精确详尽的战场环境信息,实现战场保障环境预知预报,为各作战平台与单位提供各自所需的情报服务,使情报侦察与获取能力产生质的飞跃。美国海军的"传感器组网系统"研究项目,利用现有的通信机制对从战术级到战略级的传感器信息进行管理,可协调来自地面和空中监视传感器以及太空监视设备的信息,由于其核心设备部署简单,该系统可以配置到各级指挥单位。被称为革命性技术的美国海军"协同交战能力"项目,其实质就是把高性能传感器网络与高性能交战网络有机地结合起来,快速生成交战质量的态势信息,通过交战网络把这一态势信息转化成更高的作战能力。

四、助力武器装备智能发展

21世纪信息时代的现代战争被喻为"感知者的胜利",在新的军事竞争背景下,战场感知至关重要,是掌控"透明战场"的关键。众所周知,现代战争已经从"大吃小"进化到了"快吃慢",在"发现即摧毁"的信息化战场环境下,没有比"早知道、多知道"和"快决策、快行动"更重要的了。增强战场感知能力,既是军事信息技术发展和应用的必然结果,也是当今世界各军事强国信息化建设的重点。军事物联网可以将雷达、指挥信息系统、火力单元等装备有机结合起来,各装备之间能够实现信息共享、数据融合、控制与反馈。美军开发的"沙地直线"系统与"协同作战能力"项目,可将无线传感器网络用于目标识别、目标分类与跟踪以及精确打击。近年来,美军又强调"网络中心战""行动中心战"与"传感器到射手"的作战模式,突出了无线传感器网络在感知战场态势、传送目标信息到武器装备和射手的作用。

第三节 物联网技术对装备维修保障的影响

装备维修保障涉及军队地方保障力量、通用专用装备、设备器材、远程支援等,跨越生产、使用和管理等领域,生产厂家众多、器材种类繁多、储备地域分散,保障形式多样,组织实施保障行动,统筹、协调、控制十分复杂。运用物联网技术可以实现物与物、物与人、所有物品与网络的连接,方便识别、管理和控制,能够有效提高装备维修保障效益,物联网技术将对军队装备维修保障产生革命性影响。

一、为维修保障体系对抗提供信息支撑

在军事信息化高速发展的今天,绝大多数武器装备都实现了目标瞄准、诸元装订、弹药发射、飞行监测等自动化的火力控制,而自行火炮、飞机、舰船、导弹发射架等大型高精尖武器的可控性、可靠性更高,为远程、无线、组网等复杂的控制提供了充分支持,为物联网技术应用提供了充分的空间。通过给单兵、车辆、弹药、装备、物资、作战器材等贴上 RFID 标签,加载智能携行终端、导航定位终端等"外在使能"的方式,使这些资源的相关信息能够接入战术级通信网络,实现指挥所终端(或数据采集与处理终端)对资源状态的掌控。而基于 M2M 的物联网应用,能够通过卫星通信、数据链等无线、高速和实时通信手段,将分布在战场上的陆、海、空、天等不同区域的装备联通起来,进行信息交互和共享,从而形成一个综合性的网络,实现网络化的指挥控制、感知探测及综合保障,建立起以信息为主导的作战体系,满足体系对抗的物质基础要求。

(1)为指挥控制系统采集与获取物理装备的属性、状态等信息。通常是在装备中部署压力、温度、速度、加速度、位移、转速、电磁、声音、液体、流量、气体等传感器或智能检测设备,并将这些传感器、检测设备等与装备上

嵌入的计算机或智能终端相连接,实时获取装备的各类信息,包括平台的机动速度、位置等信息,器材消耗、技术状态及装备故障情况等信息,物资装载情况、导弹测试情况、技术状态等信息。

(2) 接收指挥控制系统发送的信息或数据。基于 M2M 模式的物联网,指挥控制机构可以向坦克、导弹发射架、运输车辆及飞行中的巡航导弹等发射其作战或运行所需的信息,如时间统一信息、导航定位信息、打击目标信息及数据基准代码信息等。例如,给飞行中的导弹发送打击目标的电磁特征信息,使其进行目标打击调整;给运输车辆发送导航定位信息,使其自识别机动路线等。

(3) 实现物理装备之间信息的交互协同。随着体系作战需求的提出以及信息技术的发展,基于各类嵌入式终端或智能卡,武器装备之间、感知装备与武器装备之间、保障装备与作战装备之间等按照一定的方式和流程实现了协同,如传感器将获取到的故障信息,直接发送给后方保障基地和指挥机构,为形成指挥决策提供装备状态支撑,为基地提前做好战时维修准备提供需求。

(4) 建立装备维修保障终端平台。为各种装备实现保障软件开发提供技术基础,使得多种技术保障手段能够在一种硬件终端上实施,战场上可通过装备战场技术保障通用平台接收损伤装备上的终端设备信息,利用装备的自动检测维修系统,能帮助装备维修人员迅速判断故障,并进行快速修理。对于复杂的故障,维修人员可以借助数字化通信网,向远在千里之外的技术专家请教。技术专家则可以通过显示屏,对维修人员进行技术指导,从而在技术上实现远程诊断和远程修理,从战术上实现远程支援。

二、为装备状态监测提供先进手段

随着现代科学技术特别是军用电子信息技术的不断发展,以及各种高新技术手段的广泛应用,装备状态监测技术正在逐步向多手段综合运用及网络化监测方向发展,可以实现不同传感器效应互补、情报验证与信息融合,为有效决策、精准保障提供更加实时、准确的信息支撑。物联网尤其是无线传感网技术在传感器组网方面的显著优势,使得其在装备状态监测领域有着深入而广泛的应用前景,能够为装备状态监测技术发展和能力提升给予充分的支持。根据国内外军事应用实践,传感器网络是物联网在装备状态监测方面主要的军事应用模式,也给装备状态监测领域带来了新的技术发展方向。当前,感知网络的建设是装备状态监测技术发展的重点。感知网络是指基于通信手段连接的大量分布部署的传感器节点,按照统一的协议、模型或机制组合运作,联合实现对感知对象实时、不间断感知探测的智能化、自组织网络。这里的通信手段包括有线、无线、卫星通信、数据链等,传感器节点包括根据感知需要调用的部署于陆、海、空、天、电的各类感知装备,感知对象可以是装备状态监测的任意对象。基于感知网络模式的物联网军事应用方式,可主要分为无线传感网和联合感知探测网两种。

(1) 无线传感网方式。无线传感网方式的装备状态监测是指在装备内部放置大量探测、监测等多类微小型传感器,通过无线自组织网络将这些传感器连接起来,进行协作,感知、采集和处理装备状态的信息,包括影像、方位、速度、温度、振动等各种属性,并通过无线网络接入军事通信网,将获取到的信息及时发送给后方维修机构或指挥所,实现对装备状态的及时掌握。

(2) 联合感知探测网方式。高速发展的军事通信技术,已经具备了全球覆盖的通信保障能力,为大范围、大区域的传感器组网提供了充分的物理支持条件,联合感知探测网是将所有可用的传感器资源、信息处理和计算资源及信息服务资源进行综合与优化,实现对目标对象更准确、更全面、更快捷的实时感知,具备感知节点能力共享、信息多源同步处理、服务按需分发共享的特点。

目前,基于通信网已将各类感知探测传感器、信息处理节点、信息服务分发节点及用户节点联系起来,组成栅格化的感知探测网,综合运用所有相关的感知探测和信息处理资源,集传感器调度管控、信息采集获取、信息处理加工、信息按需分发及情报保障需求采集于一体,统一处理形成大区域、全要素、实时的装备状态信息,为作战行动和组织装备维修保障提供各类信息支持服务。

三、为维修器材筹储提供信息平台

为维修器材筹储提供信息平台包括以下几点:

(1) 提高器材筹措效率。维修器材储备是装备维修保障支援的源头，利用物联网技术，可以在军工企业、装备维修保障部门和部队之间建立维修器材信息实时感知网络，企业可以第一时间掌握维修器材需求情况，根据装备维修管理部门分配计划，及时生产所需，对于急需且短期内不易生产的器材，可以通过网络查询市场，所需器材分布情况，准确定位维修器材信息，实现精准采购。目前，射频识别标签可识别2.68亿个以上的独立制造商，以及每个厂商100万种以上的产品，器材出厂时能够获得唯一身份编码，军地采用统一标准的物资身份信息识别技术手段，实现装备维修器材准确、快速、可靠筹措，提高筹措效率。

(2) 优化器材储备系统。发挥物联网技术优势，构建仓储管理系统、仓储信息系统、仓储设施系统等，对物资器材入库、保管、出库作业进行一体化指挥、自动化作业、信息化管理。物资入库通过RFID门禁时，自动记录器材名称、数量等信息，存入后台计算机系统进行处理。安装光敏、热敏、湿敏传感设备，实时监控仓储环境信息，根据器材存放条件要求，实时自动控制仓库温度、湿度等库存条件，为器材创造最佳存放环境，确保在库器材的品质安全。对于出库物资，查询物资器材在仓库中的位置信息，实行传动设备准确定位，自动选取器材种类、数量，器材出库通过门禁时，相应物资器材信息自动在后台计算机系统中处理。目前，越来越多的测量、控制、现场分析设备已发展为具有数字通信接口的智能设备，只用一根通信电缆，用数字化通信代替模拟信号传输，就可将所有现场智能设备进行连接，完成现场设备的控制、监测和远程参数调整等功能，实现数字化控制与管理，为装备维修保障提供物资器材储存的实时情况。

(3) 提升器材供应效益。器材配送是强调以满足部队用户对装备维修器材数量、质量、时间和空间的需求为出发点的综合化作业过程，实现器材从后方仓库或工厂企业到部队用户的时空转移，在大型仓库运用物联网技术，作业设备按照部队器材种类、数量需求，实现物资器材自动分拣、标准包装，最后进行装载和运输，在集装箱、运输平台和重要地点嵌入物联网技术模块，利用全球定位技术和地理信息技术，可以完成重要物资器材的定位、跟踪、管理和高效作业，提高对供给、运输环境的感知与监控能力以及快速反应能力,达到物资供给、配送的可视化、实时化、精确化、高效化。同时,在地面、空中、太空建设通信体系,实现空地、空天、天地实时通信,根据战场变化情况灵活调配在运物资器材配送地点,提高装备维修器材配送效益。

四、为提升维修保障效益注入动力

为提升维修保障效益注入动力包括以下几点:

(1) 大幅提高战装备维修器材保障信息化水平。装备维修保障是未来联合作战的重要基础,装备维修器材处于作战保障链的最前端,其信息化水平直接影响作战的节奏和进程。基于物联网的维修器材储备体系,通过射频识别、红外感应器、全球定位系统、激光扫描器等传感技术,可以按约定协议,把维修器材储备体系中的任何物品与军用互联网连接起来,进行有效的信息交换和通信,实现器材、仓库、运输工具的智能化识别、定位、跟踪、监控和管理,将物资器材储备与保障需求融为一体,对提高维修器材保障信息化水平产生质的飞跃。

(2) 快速提高维修器材筹、储、供、管的工作效率。通过智能感知、网络传输、计算机处理等技术,地方企业、军队机构、国家部门可实时掌握战备维修器材物资、仓库设施、运输平台的态势,并能够将指令直接下达到末端,提高信息传输效率。物联网技术具有严格细致的通信协议,在建设中赋予各个部门、机构相应功能,筹、储、供、管各环节按照既定协议自行作业,减少协调延误时间,战储主管部门可通过传感器自动获取在储维修器材状态、在运器材位置等信息,提高信息获取的实时性与快捷性,从而使战储管理更加科学高效,通过大量互联的传感器,可有效延伸战储管理部门的触角,使管理活动由按级下达指令发展为直接远程精确掌握。

(3) 大量节约维修器材保障人力消耗。2019年11月,山东港口青岛港全自动化集装备箱码头(二期)投入运行,作业现场空无一人,后方控制中心远程操控员承担了传统码头的人工操作,大量减少了人力资源。这是物联网、大数据、人工智能等技术和业务融于一体的复杂系统工程,是高新技术在现代物流行业的创新运用。物联网可以连接物资器材生产线、储备仓库、作战部队,仓库可实时感知部队需求,自行启动分拣、配送程序,完成战备物资器材供应任务;生产线可实时感知仓库物资器材存量,自行进入生产流程,及时补充消耗的物资器材,在具体作业中,以物资器材为作业对象,通过RFID、条形码识别物资信息,并传输至计算机系统进行分析处理,再由计算机指挥设备对物资进行操作处理,实现物资器材储备的实体网络和信息网络的无缝链接,基本实现完全由设备对物资器材进行搬运、分拣、包装等操作,减少人工作业环节,形成全自主式战备物资器材储备体系,实现了从"工厂到散兵坑"的物资器材精确可视管理。

第六章 云计算技术及其装备维修保障应用

信息技术引领信息时代,对经济和社会影响面最广、影响力最大、影响持续时间最长。云计算作为一种基于互联网,以服务的方式提供计算资源的新型模式,其突出的资源配置、信息管理等特点,正逐步成为推动各国信息系统建设、加快国防建设发展的重要手段。推动我军装备保障领域引入云计算概念、构建军事装备"云"体系,其蕴含的技术变革和创新模式必将对全面提升装备保障能力,加快装备保障信息化建设带来深刻影响。

第一节 云计算技术综述

云计算从 1997 年提出初步概念到 2006 年开始实践,再到 2007 年,"Cloud Computing"一词由 Google 公司总裁 Eric Schmidt 在搜索引擎大会上正式提出:"云计算是一种新的 IT 基础设施交付和使用模式。"之后,云计算作为一种新兴的资源使用和交付模式,逐渐被学术界和产业界所认知,并获得迅速发展和应用。

一、基本概念

云计算并不是一种全新的技术概念,而是传统 IT 技术和网络技术融合发展的产物,其背后的各项技术是发展的而非革命性的,但是云计算的应用却是革命性的。云计算是一种基于互联网的商业计算模式,它将计算任务分布在大量计算机构成的资源池上,由大型计算服务器、存储服务器和宽带资源组成的资源池上,资源池通常由一些大型服务器集群组成,包括计算服务器、存储服务器和宽带资源等。这种资源池就称为"云",而云计算就是让"云里"成群的计算机协同工作,并通过专门的软件实现自动管理,共同处理用户的计算任务,使用户能够按需获取计算力、存储空间和信息服务。

美国国家标准与技术研究院(National Institute of Standards and Technology,NIST)发布了一系列版本的云计算定义,目前最权威的解释为:云计算是一种模式,能以泛在的、便利的、按需的方式通过网络访问可配置的计算资源(如网络、服务器、存储器、应用和服务),这些资源可实现快速部署与发布,并且只需要极少的管理成本或服务提供商的干预。

云计算之所以称为"云",一个原因就是云计算的鼻祖之一 Amazon 公司将大家曾经称为"网格计算"的东西,取了一个新名称"弹性云计算"(Elastic Computing Cloud),并取得了商业上的成功。另一个原因是云计算具有现实中云的特征:云一般都比较大;云的边界是模糊的,而且可以动态伸缩;云在空中飘忽不定,无法确定它具体的位置,但它又确实存在于某处;基于网络的共享计算资源池中的资源就像"云"一样,可以无处不在、无限扩展,可以随时获取、按需使用、动态扩充和按使用付费,并且无须关注其内部,因此,称之为"云"计算。有人将传统计算和云计算比喻为自家挖水井供水和自来水公司集中供水,这种计算模式的转变意味着计算能力也可以作为一种商品进行流通,就像水、电和煤气一样,取用方便、费用低廉。在未来,只需要一部手机、一台平板电脑,甚至是穿戴智能设备,就可以通过互联网传输实现我们需要的一切,甚至包括超级计算这样的任务。

二、主要特征

云计算技术具有按需自助服务、普遍网络访问、共享的资源池、快速弹性能力、可度量的服务 5 项基本特征:

(1) 按需自助服务。视客户需要,可以从每个服务提供商那里单方面地向客户提供计算能力,如服务器时间和网络存储,而这些是自动进行无须干涉的。

(2) 普遍网络访问。具有通过规范机制网络访问的能力,这种机制可以使用各种各样的瘦和胖客户端平台(如携带电话、笔记本电脑以及 PDA)实现网络连接。

（3）共享的资源池。提供商提供的计算资源被集中起来通过一个多客户共享模型来为多个客户提供服务，并根据客户的需求，动态地分配或再分配不同的物理和虚拟资源。有一个区域独立的观念，就是客户通常不需要控制或者需要知道被提供资源的确切位置，但是可能会在更高一层的抽象（如国家、州或者数据中心）上指定资源的位置。资源的例子包括存储设备、数据加工、内存、网络带宽和虚拟机等。

（4）快速弹性能力。在一些场景中，所提供的服务可以自动地、快速地横向扩展，在某种条件下迅速释放，以及快速横向收缩。对于客户来讲，这种能力用于使所提供的服务看起来好像是无限的，并且可以在任何时间购买任何数量。

（5）可度量的服务。云系统通过一种可计量的能力杠杆在某些抽象层上自动地控制并优化资源以达到某种服务类型（如数据存储、计算处理、网络带宽等）。资源的使用可以被监视和控制，通过向供应商和用户提供这些被使用服务报告以达到透明化。

同时，云计算与传统IT相比，在实现模式、交互方式等方面，也具有独特的优势：

（1）超大规模。"云"具有相当大的规模，美国Google公司最早应用云计算，2016年服务器已经超过250多万台；亚马逊、IBM、微软和Yahoo等公司的"云"均拥有几十万台服务器，阿里云仅在我国华东地区就建设有超过30万台服务器，这些成群的服务器联合起来并行运算，能给用户带来前所未有的超强计算能力。可以说，"云"能赋予用户前所未有的计算能力。

（2）虚拟化。云支持用户在任意位置，使用各种终端获得相应服务。例如，IPAD平板电脑、智能手机等，可以在任何位置通过网络服务获取能力超强的服务。

（3）高可靠性。"云"使用数据多副本容错、计算节点同构可互换等措施来保障服务的高可靠性，把文件资料保存到云里，意味着云数据中心的专业团队会来帮助我们管理和保护文件，这将最大限度地避免文件丢失、被盗窃等风险，文件资料存在云里比存在自己的电脑里更为可靠、更为安全。

（4）高可扩展性。"云"的规模可以动态伸缩，满足应用和用户规模增长的需要。

（5）按需服务。"云"是一个庞大的资源池,用户按需求购买,就好像用水、电、燃气那样简单。

（6）极其廉价。"云"特殊容错措施使得可以采用极其廉价的节点来构成;"云"的自动化管理使数据中心管理成本大幅降低。例如,Google公司,2008年建设的云计算数据中心共花费16亿美元,但如果不采用云计算技术,达到同样规模和效果,需要640亿美元。

三、类别区分

（一）按权属分类

根据云计算服务的部署方式和服务对象范围,云计算可以分为私有云、联合云和公共云,如图6-1所示。

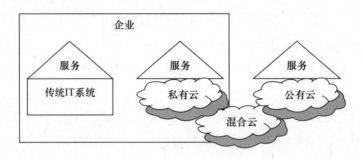

图6-1　云计算按权属分类

（1）私有云。终端用户自己出资建设云端,并拥有全部的所有权和使用权。私有云又可分为家庭私有云和企事业单位私有云。云端所在的位置没有要求,如企事业单位的云端可能在单位内部,也可能在别人的机房;可能自己维护,也可能外包给别人维护。

（2）联合云。几个单位联合起来共同出资组建云端,大家共享云端所有权,且满足各个单位的终端用户需要。具备业务相关性或者隶属关系的单位组建联合云的可能性更大:一方面能够降低各自的费用,另一方面能够共享信息。例如,北京地区的院校联盟组建院校联合云,以满足数字化学院建设和教学资源共享的需要。

(3) 公共云。终端用户只租用云端计算资源而对云端没有所有权,云端公司负责组建和管理云端并对外出租。国外公共云有亚马逊 AWS、微软的 Azure 等,国内公共云有阿里云、腾讯云、网易云等。用户把虚拟化和云化软件部署在云厂商自己数据中心里面的,用户不需要很大的投入,只要注册一个账号,就能在一个网页上点一下创建一台虚拟电脑。

亚马逊公共云的研发应用源于电商抢购需求,亚马逊本是国外最大的电商,肯定会遇到类似"双十一"的场景,就特别需要云的时间灵活性和空间灵活性,因此亚马逊需要一个云平台,但是商用的虚拟化软件实在是太贵了,于是亚马逊基于开源的虚拟化技术,如上所述的 Xen 或 KVM,开发了一套自己的云化软件,实现了电商和云平台双赢,仅 2017 年,亚马逊公有云 AWS 年营收达 122 亿美元,运营利润 31 亿美元。

亚马逊虽然使用了开源的虚拟化技术,但云化的代码是闭源的。很多想做又做不了云化平台的公司,只能望洋兴叹,这时公有云 Rackspace 把源代码公开了,并和美国航空航天局合作创办了开源软件 OpenStack,于是大型 IT 企业 IBM、惠普、戴尔、华为、联想都加入了这个云平台,对这个云平台进行贡献,包装成自己的产品,连同自己的硬件设备一起卖。有的做了私有云,有的做了公有云,OpenStack 也成为开源云平台的事实标准。

随着 OpenStack 的技术越来越成熟,可以管理的规模也越来越大,并且可以有多套 OpenStack 集群部署,如北京部署一套、杭州部署两套、广州部署一套,然后进行统一的管理。

(二) 按云端架构划分

云端出租的计算设备有 4 种类型,可以满足不同用户的需求,它们分别是 IaaS、PaaS、SaaS、DaaS,如图 6-2 所示。

(1) IaaS。IaaS 是 Infrastructure as a Service 的首字母缩写,意思是基础设施即服务,它是把 IT 环境的基础设施层作为服务出租出去,由云端公司把 IT 环境的基础设施建设好,然后直接对外出租硬件服务器或者虚拟机。云端公司负责管理机房基础设施、计算机网络、磁盘柜、硬件服务器和虚拟机,租户自己安装和管理操作系统、数据库、中间件、应用软件和数据信息,用户通过网络使用这些云端设备,一旦签订了租赁协议,云端公司就会向租

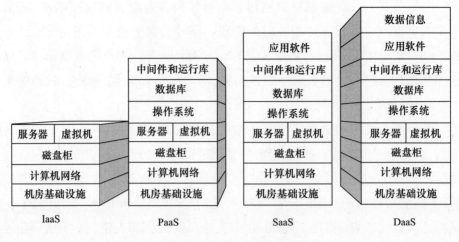

图 6-2 云计算按架构分类

户颁发账号和密码,然后租户以账号登录云端的自助网站,在这里可以管理自己的计算机设备:开/关机、安装操作系统、安装和配置数据库、安装应用软件等。

IaaS 型计算设备,由租户自己决定安装什么操作系统、需不需要数据库、安装什么数据库、安装什么样的应用软件、安装多少软件、要不要中间件、安装什么中间件等。但是 IaaS 对于租户来说除了管理难度大,还有一个明显的缺陷,那就是计算资源浪费严重。因为操作系统、数据库和中间件本身就要消耗大量的计算资源,如用户租了 IaaS 机器,配置为 CPU1.0GHz,内存 1GB,硬盘空间 10GB,然后安装了 Windows 7 操作系统,MySQL 数据库,最后再想安装和运行绘图应用软件几乎是不可能的了,因为 Windows 7 和 MySQL 数据库就把 CPU、内存和硬盘消耗殆尽了。这样一来为了能在云端机器搞图形设计,就必须租更高配置的机器才行。

有了 IaaS,云计算基本实现了对计算、网络、存储资源等资源层面的弹性管理。但这还不够,如实现一个电商的应用,平时 10 台机器就够了,"双十一"需要 100 台,有了 IaaS,新创建 90 台机器就可以了,但 90 台机器创建出来是空的,电商应用并没有放上去,只能让公司的运维人员一台一台的安装,需要很长时间才能安装好的。还需要在应用层面实现弹性管理,于是人们在 IaaS 平台之上又加了一层,用于管理资源以上的应用弹性问题,这一层通常称为 PaaS。

（2）PaaS。PaaS 是 Platform as a Service 的首字母缩写，意思是平台即服务，它是把 IT 环境的平台软件层作为服务出租出去。现在，云端公司要做的就是"通用的应用平台装"，准备机房、布好网络、购买设备、安装操作系统、数据库和中间件。租户需要"自己的应用自动安装"，只需要安装、配置和使用应用软件就可以了，如上面提到的"双十一"新创建出来的 90 台机器是空的，Puppet、Chef、Ansible、Cloud Foundary 都可以自动在这 90 台机器上将电商应用安装好，实现应用层面的真正弹性。总之，PaaS 的优势就是由云端公司帮助租户解决应用软件依赖的运行环境，要么是自动部署，要么是不用部署，租户安装自己的应用软件再也不会不停地报错了。这就是 PaaS 层的重要作用。

（3）SaaS。SaaS 是 Software as a Service 的首字母缩写，意思是软件即服务，它是云端公司把 IT 环境的应用软件层作为服务出租出去，这进一步降低了租户的技术门槛，用户连应用软件也不用自己安装了，租来就直接可以使用了。

（4）DaaS。DaaS 是 Data as a Service 的首字母缩写，意思是数据即服务，此时云端公司成了数据处理公司，他们在内部搭建一个全功能的 IT 应用环境，一方面收集有用的基础数据，另一方面是对这些基础数据做分析，用户购买或者租赁的是其数据分析结果或者算法的编程接口。

四、发展趋势

云计算的发展趋势有以下几种：

（1）重新定义服务模式。随着云计算的发展，云服务和解决方案也随之增长。现阶段云计算是一种业务模式，服务提供商在定制的环境中处理用户的完整基础架构和软件需求。随着企业云服务的采用，云文件共享服务将会增加，而云服务也将会随之增长。在云计算领域，亚马逊领先于微软、IBM、谷歌及其他技术巨头。2022 年，亚马逊 AWS 营收将达到 430 亿美元。

（2）混合云成优选。2018 年，云到云连接将不断增长。当前，多个云提供商都开放了平台上的 APIs,以连接多个解决方案,API 有助于同步多学科和跨功能的流程。通过允许数据和应用程序共享,从而实现公有云和私有云融合的云计算环境称为混合云。为满足业务需求,未来将选择混合云,并进行大量定制,同时保留其内部解决方案。考虑到数据流的控制,内部部署是网络安全性更好的选择,因而未来更加侧重于私有云+公有云。

(3) 众包数据替代传统云存储。传统的云存储不安全、速度慢且成本高,Google Drive 和 DropBox 等众包数据存储越来越被普及应用,企业也正在使用这种类型的存储来生成更多的众包数据。例如,谷歌和亚马逊正在为大数据、数据分析和人工智能等应用提供免费的云存储,以便生成众包数据。

(4) 云安全支出剧增。云应用越多,云安全性将越脆弱,2017—2020年,全球信息安全支出呈增长态势,根据 IDC 数据,全球信息安全相关支出达 1320 亿美元,预计 2024 年将达到 1892 亿美元。

(5) 物联网(Internet of Things, IoT)和云计算。云和物联网(IoT)是不可分割的,因为物联网需要云来运行和执行。物联网是一套完整的管理和集成的服务,允许企业大规模从全球分散的设备连接、管理和摄取物联网数据,对数据进行实时处理和分析,实施操作变更,并根据需要采取行动。2017 年 12 月 3 日,世界互联网大会上,亚马逊全球 AWS 公共政策副总裁迈克尔·庞克表示,随着 IoT 的发展,我们现在进入了一个万物互联的时代,数以万计的产业、行业通过互联网实现互联。现在有更多的 IoT 连接到云端,因此云计算的使用将和物联网一起不断发展。

(6) 实现无服务器。云计算的应用优势之一便是无服务器,无服务器应用将为那些专注于网络安全和恶意软件防护的企业,提供即时支付型付费模式。触发式日志,数据包捕获分析和使用无服务器基础架构的流量信息将变得更加普遍,中小型用户能够获得与大型用户一样的规模效益和灵活性。

第二节　云计算技术在军事装备保障领域的优势

从本质上看,云计算技术是一个超级信息系统,它由功能强大的云计算中心提供信息支持,成千上万的用户通过简捷的云终端从云计算中心快速获取信息服务。它的这种技术架构特点,与军事行动是在高度统一指挥下,由分散于广阔战场上的各类参战人员与装备,按分工共同履行军事任务的特点,存在着高度的一致性,这种一致性使云计算在军事上的运用,尤其是在装备保障领域具有广阔的前景,它必将促进军事领域发生一场更大的变革。

一、保障信息更加高效便捷

现代战争,参战装备种类数量巨大,需要处理的装备保障信息呈指数级增长,大量传感器的部署、一体化联合作战指挥信息系统和军用物联网的运用等都将产生大量的实时数据,此外,军用智能设备等移动终端也产生了大量的数据,若要达到情报的时效性、精确性要求,必须对海量信息进行高效的管理和计算,而现有信息系统和网络明显难以满足战场环境下高效信息处理和传输的需要,因为各个数据中心的管理模式和接口标准不统一,不适合海量数据的集中传输与共享,更无法进行弹性计算,无法从海量数据及时分析出准确情报,而云计算强大的计算能力和传输能力恰好能满足这一要求,具备收集、处理、分发海量信息的能力,把海量计算任务分布在资源池上,由自动管理软件自动调用计算服务器、存储服务器和宽带资源,按需快速准确地为用户提供计算力、存储空间和信息服务,情报获取准确快速。

二、保障资源做到共享统管

装备保障涉及承研承制单位、部队用户、维修工厂等,由于职责分工和角度不同,根据自身需要都建立了各自的信息系统。这些信息系统在建立之初都发挥了其应有的作用,但在顶层设计时由于缺少统一整体的规划,容易产生数据共享困难的问题,造成后期无法满足信息互联互通的需要;此外,网络管理人员对数据中心的运维管理没有实现自动化,管理效率较低,无法适应管理千台、万台,甚至上百万台服务器的需求。云计算技术可以很好地解决数据共享和后期管理的矛盾问题,云计算通过构建统一的服务平台和面向服务的体系架构,对现有信息系统软/硬件、数据等进行合理的整合,可以构建军队统一的装备信息基础设施平台,实现信息资源全军共享,并提升系统互联、互通和互操作的能力,从而有效解决信息系统"烟囱"林立的问题;通过调度中心自动配置集群服务器,自动根据用户需要虚拟配置终端,达到"啥时要都有,想要多少都行"管理的灵活性目标,大大提升了管理效率。

三、保障协同趋于前后一体

受限于传统的信息技术,当前的前方作战与后方保障之间是按事先制定协同方案组织实施,缺乏灵活性和适应性,还不能实现前后方信息的高效协同。而云计算技术则能对软硬件资源进行集约化管理和运行维护,具备建立在全网资源共享基础上的快速计算能力,能构建强大的与作战系统高度融合的装备信息系统,以云计算平台为"大脑",通过网络"神经"的传输,实现大规模服务器群的动态配置和扩展,可以通过虚拟化技术,在相同的容错级别下,能够实现前后方信息协同一体,按需提供所需的数据处理和存储服务,实现各类信息的快速计算、综合分析和有机融合,从而准确、实时地向各级指挥员提供所需的各类信息,进行低代价和持续不间断的精确信息保障,使得作战行动与后方保障协同一体。同时,还可以用可视化的信息传递方式,将保障需求和保障行动要点分送于各相关云终端,大幅提升指挥中心对战场态势的把握能力,从而使用实现信息化战争后装备保障能力的跨越式提高。例如,指挥机构和装备维修分队,可以通过云终端,及时准确地掌握待求援和待修理装备的现实状况与可以采取的救援措施,通过云计算中心,参战部队能够及时获取战区军用、民用各种装备保障力量的分布情况,实现与装备保障的无缝对接。

四、保障需求得到个性满足

联合作战参加兵种力量多元,各兵种参战装备差异化较大,其装备保障需求也有较大的不同。当前,部分装备尤其是信息化含量较高的装备,都部署了大量的传感器,可以获得充分的数据,但传统的终端计算非常有限,无法根据任务部队特点来进行个性化服务,而云计算的弹性部署可以有效地开发和利用信息资源,不同任务部队可以在拥有私有云的同时,根据需要和授权使用公有云的共性信息资源、计算资源,获得作战地域和相关军兵种社区云的特色信息资源、计算资源支援,得到友邻部队私有云的协同信息资源、计算资源的配合,用混合云的部署模式保障作战行动,及时高效预计不同部队、不同作战样式、不同阶段的装备保障需求,在没有实际增加信息装备和保障人员的情况下,利用整个作战体系的信息优势完成任务。

五、防护能力实现大幅提升

现代战争的指挥信息系统是敌首轮打击摧毁目标,处于敌软硬打击的重点目标,一旦遭敌破坏和袭击,就会造成系统失灵、指挥中断,导致力量失控。2010年,"震网"病毒的隐形巨手摧毁了伊朗核信息系统,举世震惊,也引发了各国军队对信息安全的高度关注。

云计算作为依托互联网传输信息的先进技术,可以有效提高信息资源的安全防护能力。存储在云计算中心的数据信息,依托专业技术人员,利用存储管理机制对数据进行统一管理,能够对存储资源进行合理分配,达到硬件负载均衡、应用环境友好简便和数据安全完整的目的,可以有效提高装备信息资源存储的安全性和传输的可靠性。对于网络威胁,可以借鉴云安全和安全服务的概念,利用现有安全技术,构建基于云计算的统一网络防御架构,以增强信息资源的网络安全防护能力。首先,云计算技术可以在云计算过程中安装多个传感器、监视器和其他检测设备,通过对成千上万个数据流进行实时分析,自动检测并防御恶意攻击和系统故障,有效杜绝被病毒感染而造成的数据损坏。其次,可以防止数据丢失。可利用云存储服务为重要数据提供安全防护,各类用户都需要凭借口令存取自己的重要数据,这样就能从根本上避免因个人存储设备损坏导致数据丢失的风险。同时,数据的集中存储更容易实现安全监控和管理,也可以杜绝各类涉密载体的交替互用,内部信息安全可以得到很好的保证。例如,目前装备与装备指挥机构和指挥信息系统机动性与生存能力相对较弱,若采用云终端移动指挥平台,就能随时随地对保障部队实施指挥控制,即使一处指挥所遭袭击,指挥员依托云终端仍然可以对移动终端进行指挥,极大地提高了指挥信息系统的生存能力。

第三节 云计算技术对装备维修保障的影响

作为引领第四次IT产业革命的云计算技术,必将对社会和军队产生深远的影响,要充分利用云计算技术,结合装备维修保障实际,积极采取相应措施建,提出具体可行的对策和建议,以加快装备维修保障信息化建设步伐,提高保障效益。

一、实现装备维修保障作业可视

未来联合作战战场是一个多维立体的战场,环境十分复杂。装备维修保障人员要同时面对来自陆、海、空、天、电等多方面的威胁,必须掌握整个战场的立体信息。云计算可为每一个授权云终端及时准确、形象直观地提供所需情报信息。通过云终端提供的可视化战场环境信息支持,参战保障人员可随时掌握来自陆、海、空、天、电的敌情信息,使原本诡秘复杂的战场变得透明简捷,大大地提高参战人员作战行动的有效性;可随时掌握战场地理信息和气象情报信息,极大提高保障人员战场修理效率;可在战场的任一角落掌握战场总体情况,快速组织战场装备抢救抢修,大幅提高装备维修保障能力。

二、研制装备维修移动指挥平台

通常情况下,作战指挥都需要开设指挥所、部署指挥信息系统,部署地域和位置相对固定,在某种程度上限制了指挥员的指挥自由,也降低了指挥机构的生存能力。通过云计算授权使用云指挥终端,指挥员依托这个移动指挥平台就可随时随地对部队实施指挥控制:一是提高了指挥员指挥的机动灵活性,身在分队也能对全局进行指挥控制;二是提高了指挥机构的生存能力,不会因为指挥所遭袭而瘫痪整个战场指挥;三是增强了指挥控制的适应性,使指挥员可深入实地了解战场情况,从而提高指挥的针对性和有效性。

三、推进装备维修保障科学决策

信息化战争是一种充分利用信息资源并依赖于信息的战争形态,未来信息化战争中来自陆、海、空、天、电等多维立体战场的装备保障信息数据量巨大并且更新速度快,使指挥员的决策变得异常复杂和艰巨。云计算具备收集、处理、分发海量情报信息的能力,能够向每一个授权的云终端提供及时准确、形象直观的所需情报信息,同时,云计算能够根据指挥员的需要智能地提供决策咨询服务。通过云终端,指挥员可以比较容易了解敌方的情报信息,可以清楚明了地掌握所属部队的装备状态,可以清楚地了解友邻部队的装备保障力量资源,可以随时掌握战场水温气象、地理环境信息,既满足指挥员进行决策所需的海量情报信息而又使处理这些信息的速度得到极大的提高,使装备维修保障指挥决策的正确性、及时性得到大大增强。

四、提供战场装备修理信息支撑

战场装备抢救抢修是战时装备保障的重要内容,对作战进程的影响至关重要。在战场环境中,依托云计算一方面提供受损受毁装备位置及损伤信息,方便战场搜寻以及抢救抢修工作的实施;另一方面也可为受损装备组织自救和战场修理提供信息技术支持,实现装备受损后位置的定位、故障的显示和装备的快速维修等,极大提高战场装备抢救抢修能力。在装备器材物资保障方面,云计算使指挥人员、作战部队、保障部(分)队同时清楚地知道作战需要什么维修器材、需要多少、我方保障器材在哪里、有多少,在运器材有多少、到哪里,最大可能地破解需求迷雾、资源迷雾,真正实现供需同步平衡、需求同步驱动、作业同步并发、资源同步支撑。

五、助力装备维修保障自主协同

未来作战是诸军兵种联合一体化作战,军兵种间、各部队间的密切协同尤为重要,云计算将使各作战部队各参战单元在瞬息万变的战场上协同作战变得不再困难。首先,各参战装备维修部(分)队通过授权云终端不但能够及时掌握本部行动,而且能够掌握相关友邻或需要协同作战单位的作战进程,完全根据友邻的需要及时自主地采取协同动作。其次,云计算能够根据战场情况的变化,以及战场态势的发展,快速调整修订保障方案,经联合作战指挥员确认后分发给各任务部队,使联合作战的适应性得到极大提高。最后,指挥员依托云计算能够根据战斗进程适时进行保障态势评估,适时调整保障力量部署和编组,最大限度地提高部队保障效能。

第七章 区块链技术及其装备维修保障应用

随着互联网技术在社会各方面渗透应用的极致深化,互联网红利逐渐消失,区块链(Blockchain)技术是一种通过去中心化的方式由多个节点共同维护一个可靠数据库的技术方案,可以解决如何在不可靠的网络世界中可靠传输并记录信息的问题,有望带动新一轮行业革新和创新应用。

第一节 区块链技术综述

"天生"拥有信息完整性等诸多特性的区块链技术,从一开始就实现了数据存储和数据加密的有机结合,区块链技术这个未来战争的"另类舞者",在军事领域有广阔的应用前景,极有可能悄无声息地颠覆未来战争。

一、基本概念

区块链技术起源于化名为"中本聪"的学者在2008年发表的奠基性论文《比特币:一种点对点的电子现金系统》,尽管各国政府对比特币褒贬不一,但对其背后的区块链技术却表现出极大的兴趣。区块链技术通过引入"竞争—验证—同步—竞争"的动态循环过程,解决了由相互缺乏信任的节点组成的网络中各节点,如何达成可信共识的问题,使混合一致性成为可能。区块链作为分布式数据存储、去中心化、点对点传输、共识机制、加密算法等技术的集成应用,近年来已从金融领域延伸到其他新一代信息技术应用领域,具有引发新一轮技术创新和产业革命的态势。

狭义来讲,区块链是一种按照时间顺序将数据区块以顺序相连的方式组合成的一种链式数据结构,并以密码学方式保证不可篡改和不可伪造的分布式账本。广义来讲,区块链技术是利用块链式数据结构来验证与存储数据、利用分布式节点共识算法来生成和更新数据、利用密码学的方式保证数据传输和访问的安全、利用由自动化脚本代码组成的智能合约来编程和操作的一种全新的分布式基础架构与计算方式。

二、主要特征

区块链技术是利用块链式数据结构来验证与存储数据,利用分布式节点共识算法来生成和更新数据,利用密码学方式保证数据传输和访问的安全,利用由自动化脚本代码组成的智能合约来编程和操作数据的一种全新的分布式基础架构与计算范式。简单地说,区块链就是一种去中心化的分布式账本数据库。区块链技术让系统中的每一个使用者,都成为整个系统的主人,而不像Facebook、Twitter那样,依靠中心服务器来储存和发送用户数据。

(1) 交易成本低,信息使用效率高。由于使用分布式核算和存储不存在中心化的硬件或管理机构,任意节点的权利和义务都是均等的,靠P2P(Peer-to-Peer)互相建立信用。系统中的数据块由整个系统中具有维护功能的节点来共同维护,摒弃了传统模式靠资产背书才能建立的信用,是目前交易成本最为低廉的信用资源。

(2) 透明性强,监管透明共享。区块链的交易记录是全网透明公开,区块链的数据对所有人公开,系统是开放透明的,由于采用通用共享的分布式数据记账,所有的数据均按照同一版本要求进行加密和记录,且区块链的数据允许任何一个可信任方通过公开的接口查询区块链数据和开发相关应用,整个系统信息高度透明,可满足监管部门进行实时存档、监督及跟踪交易数据,为政策的制定和调整提供依据,为监管部门提供新的监管模式。同时,由于节点之间的交换遵循固定的算法,其数据交互是无须信任的,区块链中的程序规则会自行判断活动是否有效,因此交易对手无须通过公开身份的方式让对方对自己产生信任,对信任的累积非常有帮助。

(3) 安全性高,数据稳定可靠。区块链的每个数据区块,可分为区块头和区块体两部分。其中,区块头包含数据防伪验证信息和与其他区块的关联位置,区块体是存储交易数据的主体部分。区块链采用基于协商一致的规范和协议,使得整个系统中的所有节点能够在去信任的环境下自由安全的交换数据,使得对"人"的信息改成了对机器的信任,任何人为的干预不起作用。区块链是一种按照时间顺序将数据区块以顺序相连的方式组合成的一种链式数据结构,并以密码学方式保证的不可篡改和不可伪造的分布式账本。一旦信息经过验证并添加至区块链,就会永久地存储起来,全网公证的账簿保存在成千上万个节点上,一旦信息经过验证并添加至区块链,就会永久地存储起来,除非能够同时控制系统中超过51%的节点,否则单个节点上对数据库的修改是无效的,因此区块链的数据稳定性和可靠性极高。

（4）运用共识算法,建立容错机制。传统中心化的网络架构,多采用树状结构,会有一个或多个可信的中心节点。但若因为网络故障等原因,中心节点失效,则网络陷于瘫痪。区块链技术采用分布式架构,实现了网络在"去中心化"状态下的稳定运行。在异步通信的分布式网络中,通过区块链技术,设定前提以简化运算的方法,便可解决数据准确可靠传输的问题。其主要分两种思路:一是"实用拜占庭容错机制"（Practical Byzantine Fault Tolerance,PBFT）。假设最多有 m 个故障节点会拒绝响应或响应错误信息,那么,网络总 P 点数至少为 $3m+1$,用户同时向网络中所有节点发出请求,各节点接收后不直接响应,而是向网络中其他所有节点发出二次请求,各节点接收到二次请求后,再响应用户。这样,若某种响应数量达到 $m+1$ 以上,则该响应为正确结果。二是采用"选举机制"。例如,Raft 共识算法是通过选举,在节点中选择出领导者,其他节点为跟随者。一段时间后,若节点无法获取领导者信息,则可发起投票,各节点转化为候选人身份,根据网络中的已知节点情况进行投票,选举出新的领导者和跟随者。这种机制解决了网络故障和部分节点离线时的网络共识问题。

（5）发放工作量证明,激励用户参与。区块链技术通过公众来验证网络上的交易活动,采用"工作量证明"（Proof of Work, PoW）机制来实施激励。每名用户都可把一组交易信息写入自己持有的账本,并采用公开的算法进行加密计算,在满足特定要求后,生成新的区块;用户在网络上公布计算结果,其他用户可对不同用户公布出的结果进行验证,选择最优结果作为自己下一步计算的依据。这样,在网络中保留下来的每个区块,都是当时最优并获得共识的结果。区块生产者可在区块中记录一份工作量证明,并把这份工作量证明用于交易,即称为"比特币"。此外,网络交易活动中,还可通过"燃料"机制实施激励,即通过高性能计算机集群促进网络计算能力的提升,从而获得一定数量的"燃料"。在用户参与活动时,都被要求附带一定数量的燃料,其他用户分享到燃料后才会响应,并发出新的请求,这样就实现了网络交易的激励。

三、基础架构

区块链系统由数据层、网络层、共识层、激励层、合约层和应用层组成。其中,数据层封装了底层数据块以及相关的数据加密和时间戳等基础数据与基本算法;网络层则包括分布式组网机制、数据传播机制和数据验证机制;共识层主要封装网络节点的各类共识算法;激励层是将经济因素集成到区块链技术体系中来,主要包括经济激励的发行机制和分配机制等;合约层主要封装各类脚本、算法和智能合约,是区块链可编程特性的基础;应用层则封装了区块链的各种应用场景和案例。该模型中,基于时间戳的链式区块结构、分布式节点的共识机制、基于共识算法的经济激励和灵活可编程的智能合约是区块链技术最具代表性的创新点。

四、应用情况

2017年,爱沙尼亚和北约正尝试使用区块链技术开发下一代系统,以实现北约网络防御平台的现代化。无独有偶,DARPA也曾发布过基于区块链技术的分布式账本安全信息系统概念;美军甚至为了收集打击恐怖分子的有效情报,正尝试向情报提供者"打赏"比特币作为酬劳。具有颠覆性的区块链技术在军事上的应用,渐有"星星之火,可以燎原"之势。

2018年5月,DARPA授予BAE系统公司合同,拟研发一种或采用智能区块链技术,构建具有新型分布式网络安全体系,以保护美国电力系统网络。分布式网络安全体系不设置网络节点,每个节点(包括计算机、路由器、交换机等所有联网设施)都承载部分数据处理和存储职能,达到全网免疫效果。同时,DARPA正通过区块链技术创造一个安全的信息平台,研究区块链能否在保护军用卫星、核武器等数个场景中的应用潜力,未来极有可能用来支持部队作战。

2018年5月,俄罗斯成功研发出世界首个量子区块链系统,该系统采用量子密钥分发形式取代原有的私钥结构,将量子密码中防窃听、防截获特性应用于区块链网络,一旦侦测到非法用户的干扰或窃听,区块链将在全网作废该量子密钥,即使量子计算机也无法破译,安全系数极高。量子区块链技术是区块链技术与量子信息技术的一次成功结合,能够大幅度提升区块链网络的安全性,为区块链网络的军事应用奠定基础,对现有信息号截获、破译、侦收等手段带来颠覆性影响。

2018年5月中旬,在巴尔的摩召开了武器装备部队通信与电子协会防御赛博作战论坛,与会专家充分预见区块链技术与人工智能结合,可以实现隐蔽通信和有效指挥。军事领域可以借用商业领域人工智能的功能,通过对等网络中创造性的区块链结构,加强分布式通信能力,执行有效指挥控制。实现军事人工智能尚需时日,高品质数据是关键,因而可通过区块链技术驱动自主分布式系统,实现自治,从而进行多重加密、欺诈式信息传递和隐蔽通信,完成战场复杂攻击与防御环境下对部队的有效指挥控制。

第二节 区块链技术在军事装备领域的优势

目前,区块链的应用已从金融领域延伸到物联网、智能制造、供应链管理等多个领域,在军事应用领域,各个国家尤其是美国和俄罗斯为占领技术前沿高地,对区块链技术表现出浓厚的兴趣,其在军事装备领域应用已初显身手,卓有成效。

一、构建去中心化的装备指挥信息系统

区块链技术可以有效解决智能化军事装备面临的组网通信、数据保存和系统维护等难题。装备指挥信息系统及时准确地向各级指挥机构提供装备保障综合态势、数据查询、数据统计分析、保障需求测算、数据处理与推

送、数据咨询等保障,为作战筹划、指挥控制、组织实施和效果评估等活动提供装备保障信息支撑。装备指挥信息网络一旦纳入区块链技术,系统中的人员和物资就可实现自主组网,构成一个去中心化的网络,无须中心服务器,分布式的结构提高了系统的生存能力。接入网络的节点之间可以直接或以中继方式进行通信,实现信息自由交互;装备指挥信息系统中所有数据可统一保存在各区块之中,各终端使用者只需按一定权限就可以完成访问,任何一点被破坏或者出现故障,都不会影响整体,信息安全系数大幅提升,而且能够确保后勤数据的完整性,并防止任何形式的篡改或者破坏降低安全风险和被攻击的概率。

二、增强区块链装备信息网络防御能力

如果在未来能够实现全国联网的军事装备信息系统中采用区块链技术进行数据的输入和发布,就不可能出现非授权的数据篡改、伪造或删除,保证了军事装备数据的私密性、完整性和安全性。运用区块链技术无须部署反病毒、防恶意软件和入侵检测系统来搜索漏洞,就可以确定系统中每个组件的来源和完整性。首先,依靠把数字事件传输给区块链网络上的其他节点,以确保该事件得到广泛见证。其次,利用共识机制,这些事件在一个永远不会被单个对手改变的数据库中得到保护。现代军事装备保障系统的复杂性不断增加,其中也包括武器系统和后勤装备,使得其脆弱性加大,更有可能出现难以察觉的问题。针对系统发动的恶意软件攻击是对其配置的完整性实施攻击。利用区块链,系统中各个组件的配置都可以被记录在案,进行哈希运算、保存在数据库中并被持续监控,任何配置的任意非预定更改,几乎都可以被立即检测到,一个应用区块链的物联网即使中灾计算机出现故障时也能保持协调运行。据报道,美国海军目前已开展区块链技术应用于下一代作战系统论证,美国海军下一代作战系统要实现毫秒级决策,正需要区块链技术,使用区块链数据库体系结构,美国海军可围绕去中心化决策节点构建下一代作战系统,将加速其火力控制过程,同时大大提升其生存能力。

三、提升武器装备全寿命管理水平

装备从立项论证、研制生产、交付服役到退役报废,需要对全寿命周期内的设计方案、试验结果、技术状态等大量数据资料进行记录备案,目前通常采用纸质或电子媒介作为存储介质,这种传统方式存在数据易损坏丢失、转隶交接困难、监管效力弱等问题。如果引入区块链技术,让上级主管部门、装设备管理部门、使用单位和生产厂家都参与到装设备技术状态的更新与维护环节中,形成一个分布的、受监督的档案登记网络,各方均保存一个完整的档案副本,就可有效解决上述几个问题,提高档案的安全性、便利性和可信度。装备全寿命管理属于区块链技术的升级应用,系统关注的重点是基于区块链实现数据的安全存储和只读保护,从装设备研发、生产、试验、包装、运输、配送和使用维修等全流程进行追溯,并对所有参与者进行实名认证,一旦发现问题,就可直接定位、取证、追责并采取相应措施。

四、优化智能型军事物流管理效率

现代化的军用物流正向智能时代迈进,全过程包括智能仓储、智能包装、智能运输和智能配送等环节。要真正实现智能化,离不开装备承研承制单位、生产厂家和使用部队等参与者的智能化。这样一个由人和物连接的网络事实上构成了小型的物联网,利用中心化的管理策略实现系统的运转是不可行的,一方面,物流链条形成了一个地理上时刻变化的动态系统,难以在固定位置建设信息服务中心,构建可移动的信息服务中心不仅需要投入大量资金,而且存在系统维护、数据交换等难题。另一方面,过分依赖于信息服务中心的可靠性,一旦信息服务中心出现故障,将影响整个物流系统的正常运转,而军事物流更强调系统的稳定性、可靠性和战时抗毁伤能力。区块链技术物流链条中的重要数据信息,如部队需求、仓储物资、装载运输、配送中转等,统一保存各区块中。区块链的维护须接受各网节点监督,个别节点的非法操作不仅会遭到大多数节点拒绝和抵制,而且会降低自身信誉级别,有效保证了系统的有序高效运转。通过增强信息化程度加强供应链上下游沟通,优化物流行业效率,同时各方也可实时查找运输状态,降低信任和管理成本。区块链的去中心化与供应链的多方协作十分契合,物流信息被存储在分布式账本中,信息公开透明可追溯,减少了低效缓慢和人为失误,同时也为优化物流管理提供了可信数据支撑。

五、实现军事装备信息实时共享

区块链作为一种多方维护、全量备份、信息安全的分布式记账技术,为装备保障数据共享带来了很好的创新思路。传统的装备数据收集需要耗费大量人力、物力和资源投入,获得的数据种类有限且很有可能存在谬误和偏差,区块链可以很好地解决这一难题。通过搭建区块链装备信息平台,可以直接从部队收集装备的基本状态、使用信息等,使数据维度更加丰富、信息来源真实可靠、开展保障服务更有针对性,装备在不同维修机构之间的维修保养记录都可以上传到区块链数据装备平台上,不同的数据提供者可以授权平台上的用户在其允许的渠道上对数据进行公开访问,如装备研究机构就可以通过对特定装备的共享数据进行建模分析,从而改进部队使用中发生的问题。通过访问控制,去中心化的点对点传输可以解决信任机制问题,保障流程复杂、层级多、保障机构之间存在访问壁垒、信息不流通的问题都可以通过区块链平台来解决。区块链在军事装备领域的应用可以实现承研承制单位、维修单位、使用部队和管理机构等多部门在区块链平台上对数据进行共享,满足获取装备基础信息、历史数据,将共享数据用于使用管理、后期维护、等级修理等,从而提高装备保障效益。

第三节 区块链技术对装备维修保障的影响

未来区块链技术不仅可用于民用和商用领域,还可用于武器装备全寿命跟踪、军事装备维修管理、军用物资采购、智能军事物流等诸多方面。区块链技术的去中心化、开放性、自治性、信息不可篡改等特征,以及通过引入

"竞争—验证—同步—竞争"的动态循环过程,解决了由相互缺乏信任的节点组成的网络中各节点如何达成可信共识的问题,因而使混合一致性成为可能。这使区块链技术及其理念非常适合记录事件、标题、记录、数据更改记录和其他需要收录数据的活动、身份识别管理、流程管理和出处证明管理等,在装备管理和装备维修等过程中可以得到应用。

一、提升装备全寿命管理质量

对武器装备进行全系统寿命管理是现代装备管理的一种重要思想,是指对武器装备系统全领域和寿命周期全过程统一进行的管理,是基于装备全寿命周期思想开展的装备综合管理。从装备管理特别是装备信息管理的角度出发,概括起来看,装备全寿命周期主要包括装备论证阶段、装备研制阶段、装备试用阶段、装备定型阶段、装备采购阶段、装备生产阶段、装备试验与交付阶段、装备训练阶段、装备应用阶段、装备维修与保障阶段、装备退役或报废阶段。

在装备全寿命周期的各个阶段,涉及不同的实体单位。每个实体单位既是相关信息数据的产生者,也是相关信息数据的接收者,每个阶段均会产生或增加新的数据信息(如方案评审、试验数据、技术状态等)和使用较早的数据信息。而且在各个不同阶段,需要而且有数据信息的大量互动。各阶段大量的信息数据资料均需随装备的寿命周期阶段,进行记录、备案、存储、更改、输入、输出、转移和移交,不断累积、增加和删除,这些信息数据有电子数据、纸质材料等样式,其保存如果没有容灾备份机制,一旦出现不可预见的重大灾难,数据极易丢失,以及装备转隶时信息数据的转移也容易损毁或遗失,除了装备使用方的相关人员,其他人无法对这些信息数据状况进行监督,难以避免篡改和删除等非法操作。

如果引入区块链技术,让上级主管部门、装备管理部门和装备使用方、装备生产厂家都参与到装备战技状态的更新与维护环节中,形成一个分布式的、受监督的信息数据登记网络,各方均保存一个完整的信息数据副本,就可以有效解决信息数据在每个阶段之间传递问题,提高信息数据的安全性、便利性和可信度。

二、提高装备 IETM 使用效能

军用交互式电子技术手册(Interactive Electronic Technical Manual, IETM)是用于复杂武器系统或装备设备故障诊断、维修和维护的数据集成信息包,它综合应用了计算机技术、专家系统、数据库管理和多媒体信息表示等先进技术,将内容丰富的技术资料有机地组织管理起来,充分利用计算机与人的交互能力,以声音、图像、影像、文字等方式生动准确地展现装备的各种技术信息,为装备的训练、使用、维修和保障等活动提供有效的技术支持。

目前的 IETM 主要由装备研制部门在装备研制阶段完成后,从理论和设计角度进行编制,随装备移交而转入下一阶段。后期版本更新、内容增删、二次开发等非常困难,难以满足用户使用。从装备全寿命周期过程来看,IETM 应是一个动态而不断更新的实体手册,其寿命周期应与武器系统全寿命周期同步,而其内容更新应与武器系统各阶段相匹配,如装备故障库在不同阶段是不一样的,且随装备应用时间不同而不同,因此联动更新非常必要。同时,IETM 的更新和编制应包括装备全寿命周期各阶段涉及的论证、研制、集成、试验、使用、质量监管、维修保障等各单位,各实体单位均有同等义务和责任保持对 IETM 的动态更新。

联动更新需要各实体单位在共识基础上,遵循有效规则,内容和记录的更新需接受监督和验证,真实满足用户应用需求。如果引入区块链技术,让装备寿命周期中各阶段实体单位都参与到 IETM 的联动更新与维护环节中,形成一个分布式的、受监督的 IETM 信息互动数据网络,各方均保存一个完整的 IETM 信息数据副本,就可以有效解决 IETM"一次编写、长期使用、难以更新"的现象,有效提高 IETM 数据信息的完整性、便利性、实用性和安全性。

三、推动装备测试联动更新

随着现代电子测试技术、微电子技术、计算机技术的发展,以及军事工业的需要和现代战争的需求,适用于武器装备测试诊断的自动测试系统及设备(Automatic Test Equipment, ATE)也在不断向前创新发展,测试程序集(Test Prongram Set,TPS)是 ATE 运行的关键。根据 ATE 用途和测试级别,分为基于系统、整机、组件、电路板和元器件的 TPS。目前,各种安装有 ATE 的维修车辆等设施设备大量配备于部队,基于维修级别和维修对象的不同,分别部署在基层和基地等装备维修保障单位。这些维修装备离开 TPS 将无法工作,由于管理体制、运行机制和后期经费等各种原因,基本上都采用随装备一并移交,存在升级更新和发展难题。

TPS 的编制和维护是研制方、使用方、维修部门等单位通力合作的过程,也是一项长期滚动发展的过程,为确保 TPS 长期有效,其新版本开发、二次开发、测试内容、测试方法、测试精度和测试标称值等,应随装备型号升级换代、测试对象不同、用户使用经验的增加而各方联动升级更新,这样才能真实发挥 ATE 的测试保障效能。

如果引入区块链技术,让编制的 TPS 各实体单位都参与到 TPS 的开发、维护和联动更新环节中,形成一个分布式的、开放式、受监督的开放信息网络。各方均保存一个完整的 TPS 信息数据副本,在遵循共识的开发和添加机制下,激励装备承制承研单位、使用用户和装备维修部门积极参与,点滴累加,长期滚动发展,就可以有效提高 TPS 的先进性、完整性和实用性。

四、优化维修备件供储运物流链

现代化的军用物流正向智能时代迈进,全过程智能仓储、智能包装、智能运输和智能配送等环节,要真正实现智能化,离不开后勤部门、仓库、物资、工具(包括包装、装卸、运输和拆解等)和物资需求方等参与者的智能化(或手段的智能化)。这样一个由人和物连接的网络事实上构成了小型的物联网。由于维修备件的"供应—储存—运输"链条形成了一个地理上时刻变化的动态系统,难以在固定位置建设信息服务中心,同时为提高物流链的健壮性和战时抗毁伤能力,利用中心化的管理策略实现系统的运转是不可行的。

采用区块链技术应用可以有效解决智能化军用物流面临的组网通信、数据保存和系统维护等难题。系统中的人和物动态、自主组网,无须中心服务器,分布式的结构提高了系统的生存能力;接入网络的节点可以直接或以中继方式进行通信,实现信息自由交互;物流链条中的重要数据信息,如用户需求、仓储货品、装载运输、配送中转等,统一保存各区块中;区块链的维护需接受全网节点监督,个别节点的非法操作不仅会遭到大多数节点拒绝和抵制,而且会降低自身信誉级别,保证系统的有序高效运转。

第八章　5G 技术及其装备维修保障应用

第五代移动通信技术（5th Generation Mobile Networks 或 5th Generation Wireless Systems，5th‐Generation，简称 5G 或 5G 技术），是当前移动通信技术的集大成者，基于 5G 的信息网络具备"端、管、云"模式的网络架构，是未来信息化发展的趋势，具有改变社会运行方式、改变未来战争形态的巨大潜力。

第一节　5G 技术综述

信息在整个社会经济活动中扮演着重要角色，因为信息不充分、不对称导致了社会资源配置的效率低下，西方经济学主要是研究稀缺资源的有效配置问题。资源是稀缺的，人们需要让其实现最优化配置，其中最有效的办法就是让信息传播更充分、更有效率。在未来，一个国家和地区的落后首先表现在信息基础设施的落后，以及信息化水平的低下，国家与国家之间、人与人之间，最大的差距表现在信息获取能力的差距，最大的不平等将是信息获取的不平等。网络畅通才能带来应用及内容的繁荣。没有高速的宽带网络及低廉的接入费用，云计算、大数据、物联网等技术很难发展起来。联合国相关研究表明，宽带网络的部署是当前全球经济增长和持续复苏的最重要驱动力之一，也是未来数十年中最关键的经济驱动力。

未来社会是智能化的信息社会，新一代宽带无线移动通信的发展不仅深刻改变了人们的生活方式，而且已成为推动国民经济发展，提升社会信息化水平的重要引擎，5G 技术的发展将使通信网络向信息网络转变，使人际通信向人机融合通信转变，使无线技术创新向网络技术创新转变，使单项技术创新向架构和体系创新转变，5G 技术正在引领实现"信息随心至，万物触手及"的信息技术革命。

一、基本概念

5G 技术是最新一代蜂窝移动通信技术,也是继 4G(LTE－A、WiMax)、3G(UMTS、LTE)和 2G(GSM)系统之后的延伸。从 1G 到 4G,从最初的大哥大手机到如今的智能手机、智能网络的普及发展,经历了将近 30 年的时间。对于民众来说,4G 网络可以满足观看视频、浏览新闻、查阅资料等需求。但是,诸如智慧城市、虚拟现实等热门技术的发展对移动网络的传输速率、时延和连接数等提出了更高要求。

科技的发展、社会的进步呼吁 5G 的快速到来。从字面意思来看,5G 是指第五代移动通信,但广义的 5G 是什么,目前全球业界尚未达成一致。根据 ITU 发布的《5G 愿景白皮书》以及我国 IMT－2020 推进组发布的《5G 概念白皮书》,5G 可由关键应用场景来定义。关键应用场景主要有增强的移动宽带、海量的机器间通信以及超高可靠和超低时延通信。

增强的移动宽带场景是 5G 在 4G 移动宽带场景下的增强。目前的 4G 系统主流带宽为 20MHz,虽然速度较 3G 有质的提升,但一旦我们在海洋、地铁、沙漠等空间,就会出现信号中断或网络连接不畅等问题,而 5G 系统带宽为 100～200MHz 甚至更高,是 4G 传输速度的 50 余倍。它的覆盖面更广、辐射范围更大,且满足人们在高速移动下的上网需求。未来,不管你行走在荒无人烟的沙漠,还是乘坐在飞速行驶的高铁上,都可以在几秒内下载一部高清电影或数百张图片。

海量的机器间通信主要面向以传感和数据采集为目标的应用场景,具有小数据包、低功耗、海量连接等特点。这类终端分布范围广、数量众多,要求网络具备海量连接的支持能力。它最显著的作用是可以促进物联网的提质增速,人类与机器的交流能够畅通无阻,高速率和高带宽可以把人类的语音指令转化成行动。在《我,机器人》《人工智能》等影片中,人工智能的优势发挥得淋漓尽致,机器人可以感知人的思维,按照人的指令去执行任务,人们的日常生活、城市的综合管理和创新发展将全部被智能化环绕。在 5G 的支持下,影片中的场景可能成为现实。

超高可靠和超低时延通信主要面向车联网、工业控制等垂直行业的特殊应用需求。这类应用对时延和可靠性具有极高的指标要求,需要对巨大的数据拥有超高速处理能力。例如,自动驾驶汽车在5G的技术支持下,汽车行走在道路上,可自动探测到路途中的障碍物,如果离前车太近,就会自动改道或降低速度,在遇到红灯亮时,也能及时感知,当即启动刹车程序,极大地增加了行车的安全性。

总的来说,相比于历代移动通信系统,5G系统将是一个复合系统,不仅包含传统移动互联的升级,还将解决物联网在多种场景下的应用需求,让物联网达到触手可及。

二、主要特征

世界各个国家都投入大量的人力、物力以及财力来研究5G技术,到底5G技术有哪些特征,能为国家的发展做出哪些贡献,能为用户带来哪些便利。概括起来有以下几点:

(1) 传输的速率将会得到极大的提高。三星曾经做过一个实验来测试5G的传输速率,当时5G的传输速率已经达到了7.5GB/s,而且随着各个国家对于5G技术的研究进一步深入,5G的传输速率将不止如此。

(2) 高带宽快速接入。在物联网形势下,5G技术必须要能够承载更多的设备连接才能适应时代的要求。英国的一项研究表明,未来5G的传输速率将会不断提高,而且5G的容量也将会不断地得到提升,带宽的容量可能会是现在容量的100倍甚至是1000倍。

(3) 与4G相比其信号非常好。在这样的情况下,用户能够更加快速地接入5G移动网络,不仅能有效节省时间,而且还能有效提高办事效率,可谓一举多得。而且未来当5G网络处于理想状态时,其接入延迟时间将会比4G网络提高50倍左右。

我们可以把1G~5G的发展历程作一个形象的比喻,1G可以看作古代的土路,2G是柏油路,3G是高速公路,4G是加宽高速公路,5G是集高速公路、高速铁路、高速水运航线、高速空运航线等于一体的交通网。它不再局限于信息的传送,也不是从1G到4G的简单延伸,而是一种在技术和运用上革命性的变革。

5G并不是一项单一技术,而是一个技术群,从硬件和软件上都有技术突破。其核心网硬件解耦,分解为可灵活构建网络功能的"微服务",实现核心网开放化、智能化。利用软件定义网络(Software Defined Network,SDN)连接及软件定义网络功能虚拟化(Network Functions Virtualization,NFV)技术,可对网络中的用户终端及带宽、信道等各类资源进行网络切片,为不同需求的用户群建立专用群组,分配适配的资源,为多样化业务场景提供个性化服务和性能保障。将业务平台下沉到网络边缘,为移动用户就近提供边缘计算和数据缓存能力,实现通信网络从接入管道向信息化服务使能平台的转变。

5G 的性能目标是高数据速率、减少延迟、节省能源、降低成本、提高系统容量和大规模设备连接。5G 利用其媲美光纤的接入速率、媲美本地操作的超低时延、高速移动、超密集场景的稳定服务等特点,可以在快速变化的战场环境下,实现高速视频回传、战场终端互联可控、分布式无人平台集群运用。

当前,云端、移动终端的设备技术已经趋于成熟,并且仍具有强烈的发展势头,但作为"管"的通信链路已经成为其发挥效能的瓶颈。5G 技术的实际应用,可将人工智能、大数据、云计算等"点"技术串联起来,连接云端与移动终端形成一张"网",解决"管"的瓶颈问题,为智能化社会乃至智能化战争提供整套解决方案,任何主导 5G 技术的国家,都将在 21 世纪的大部分时间拥有经济、情报和军事上的优势。

三、应用发展

回顾移动通信网络的发展历程,大概每隔 10 年,以通信网络的升级迭代为标志,移动通信领域就会发生一场大变革。每隔 10 年,新的移动通信技术就会普及;20 世纪 80 年代第一代移动通信网络诞生,然后是 90 年代的 GSM 网络,随后到 21 世纪前 10 年的 3G 网络,紧接着是 2010 年前后的 4G 网络,而 2020 年之后很多国家的 5G 网络已进入商用。

(1) 在科技行业,虚拟现实或增强现实会把你带入一个可望而不可即的世界。当体验者戴上一个特殊的眼镜或者头盔时,会置身于 5G 系统营造的特定环境中,在这个环境里,5G 技术把数字信号转换成人体能够感知的三维视觉、立体听觉。用户利用显示器,把真实世界与电脑图形重合在一起,体验者便可以看到想象中的世界环绕在周围。军事家、企业家、学生、教授等都可以使用这些系统了解有关特定事件的有关信息,感受历史的发展、变迁。你可以把自己设定为古代名将,感受在烽火漫天的战场与长矛大刀对抗厮杀的场景;也可以设定自己是民族英雄,体验为了民族独立而浴血奋战的征程。

（2）在教育行业，5G将颠覆传统的教育方式，教科书时代接近黄昏，数字化时代迎来朝阳。智慧校园会逐步开展实施，教师可以在线教学，学生通过网络听课、完成课堂作业、参与线上期末考核等都将成为现实。各学校之间教学资源互相开放，校外的人员可以验证身份浏览各校图书馆、参与课堂教学互动，人们可以随时随地学习，不再拘泥于传统教室。

（3）在医疗行业，利用5G高传输网络可实现网络诊断、远程医疗会诊。通过数据、文字、语音和图像资料等的远距离传送，患者可在原地、原医院接受远地专家的会诊并在其指导下进行治疗和护理。远程医疗可以使身处偏僻地区和缺乏优质医疗条件的患者获得良好的诊断和治疗，一定程度上缓解了大医院因集中在大中城市，而使医疗资源分布不均的现状。

（4）在家居行业，智慧家庭在当前已逐步成为现实。回家之前空调已经打开，回家后热水已经烧好，饭已自动煮好，每日需要浏览的新闻内容全部定时推送到你手机上，智能家居系统还能随时监控家庭内部细节情况，读取家庭日常生活各项数据。智慧家庭就像一名隐形的私人管家，无时无刻不在照顾你的生活起居。

第二节 5G技术在军事装备保障领域的优势

5G技术改变社会，关键在于社会在高速移动无线网的支撑下实现了信息化、智能化。未来战争对军事信息网络的依赖程度越来越高，5G技术高速率、低时延、海量终端接入的技术特点，可以建立基于5G技术的军事信息网络，其最大的应用潜力在于对未来战争或军事网络的潜在影响，从而实现对未来作战进行有效支撑。

一、海量终端高速形成信息全力

军事信息系统主要使用光纤有线网和高速无线网连接，对于战略、战役级指挥机构，主要以光纤有线网为主；战役级指挥机构对战术单元的通联以及战术单元之间的互相通联主要依靠高速无线网完成。5G的军事应用为战术高速移动无线网络提供了解决方案。首先是群体协同感知。未来战场上将密布各类侦察传感器，还有大量配备侦察装备的作战平台，5G信息网络可将战场上的海量传感器有机联系在一起,形成协同感知能力,对战场目标进行多维异构信息分析。其次是信息高速回传。战场态势瞬息万变,对战场态势的感知,尤其是高价值目标的侦察非常重要,利用5G的高速传输速率,可以实时回传战场上的视频、图像数据,形成态势"一张图",为掌握战场态势和指挥决策提供有力支撑。最后是作战平台互联互通。作战平台,甚至单兵可以通过5G信息网络有机链接,实时更新上级推送的态势,掌握敌情、我情等信息数据,形成信息合力,倍增作战效能。

二、高可靠、低时延支撑分布式无人平台

分布式无人化作战是智能化战争的一种重要作战方式。对于独立的无人平台来说,"无人平台+人工智能+任务载荷"已经成为标准配置;对于无人作战集群来说,联合化作战已经成为基本要求,在集群中必然包含侦察、打击、网电对抗等任务载荷;对于分布式作战来说,随着战场态势的变化以及战斗进程的推进,不同无人作战集群的任务也将随之改变。在这种情况下,5G信息网络高可靠、低时延的特点,可以在任务路径规划、无人平台相互规避、作战任务智能分配等方面,有效支撑分布式无人平台的作战运用。

三、算力支撑战场快速决策

智能化发展所必需的三要素是算力、算法和数据。在未来智能化战争中,算力的比拼已经成为至关重要的一环。云计算自身具有非常强大的计算能力,在5G信息网络高速通联的支撑下,可以极大增强计算效率,同时将形成的决策成果快速传递到战场的所有作战单元。同时利用边缘计算技术,分布式作战群聚合内部单元的计算能力及存储的数据,可以迅速计算结果形成战术决策,有效缩短决策时间。云计算、边缘计算通过5G信息网络有机、高效地组合起来,智能调节、分配计算和存储资源,使计算效果达到最佳。

四、网络切片支撑任务定制

未来智能化作战的任务分配将更加精细化,作战部队的模块化建设和积木式编组将成为重要趋势。同时,作战资源必将打破传统意义上的物质资源,算力、数据、频谱、信道等信息资源也将成为重要的作战资源。智能化战争的

任务定制,不仅仅是任务部队的定制编组,同时还包含作战资源的合理分配。利用5G信息网络的切片技术,不但能够实现作战单元之间的智能临机组网,还能够进行科学的战场资源实施调配,保证我方作战的高效率运行。

第三节 5G技术对装备维修保障领域的影响

5G技术作为新一代移动通信技术,代表了未来通信与网络技术融合的发展方向,其对社会生活的改变,终将引发军事领域的深刻变革。当前,网络通联是对于大数据、云计算、人工智能广泛应用的巨大制约,一旦5G技术全面应用军事领域,智能化战争将会扑面而来,势必带来装备保障,尤其是装备维修保障的深刻变革与发展。

一、引领装备维修保障的变革创新

5G技术的高速发展和在军事领域的应用,必然催生全新的作战概念,引领作战行动和作战保障的创新变革,必然会对装备维修保障提出全新的标准和要求,积极应用5G技术创新作战概念、设计未来战争、主导战争形态演变,可以抢占军事变革先机,夺得未来战争的先手棋。信息化战争形态下,谋取信息优势已成为未来作战的关键要素之一,我军当前信息系统的"先平台、后组网"发展路线,是造成大量"烟囱"存在的根本原因。需要树立"先网后端、以网带端、网络赋能"的发展理念和模式,将信息网络作为基础资源先行发展,同步发展网络赋能技术,从而带动战争形态、作战样式、制胜机理、主战力量等军事领域的研究,继而引领装备维修保障组织指挥、保障力量构成、抢救抢修模式、保障方式方法等全方位的变革和创新。

二、推进装备维修保障向智能化转型

当前战争形态正加速向智能化战争转型,通过信息技术的融合,将其广泛应用到智能化战争的设计、战争的组织、战争的保障过程中,加速推进智能化战争的转型进程。智能化战争必然要求智能化装备维修保障,智能化装备维修保障在本质上是对装备维修保障的重构,传统的装备维修保障是以力量的整合和资源投入为主,而智能化装备维修保障强调以基于信息的

资源配置为主、强调供需匹配和质量效益,一方面是对保障需求的准确预计和预判;另一方面是对现有和可能的装备维修保障资源进行精细计算,智能科学配置,提升整体的保障效益;5G技术的充分应用,在装备维修保障需求和保障可能之间建立了信息通信,在大数据、云计算、人工智能技术等深度参与下,必然推进装备维修保障组织决策、保障行动组织设计、保障力量部署、保障方式方法等方面的深化转型。

三、提高装备维修保障信息处理能力

信息化战场数据信息来源众多,数量巨大,战场信息的采集处理与传输始终是组织高效指挥和实施有力保障的难点,相比目前的4G网络,5G网络具有高网速、广覆盖、高容量、低功耗和低时延等特点,其峰值速率将增长近百倍,从4G的100Mb/s到5G的每秒数十吉比特。可支持的用户连接数增长到100万用户/km^2,可以更好地满足物联网设备的海量接入。同时,端到端的延时将从4G的十几毫秒减少到5G的几毫秒。正是这些优势才能满足不同用户、不同行业对于通信的复杂需求,通信网络将不再是互联网内容及应用发展的障碍。

与现有通信系统相比,5G在传输速率和稳定性方面有了质的飞跃,可轻松满足战场信息通信任务需求。利用增强现实技术,可实现对故障装备进行方位的识别,对受损部件进行分析,及时快速更新故障信息,同步刷新装备维修保障指挥员作战计算机上的战场资讯,实现指挥网络化、及时化、一体化战场控制。一旦5G通信系统全球部署,将具有与军用通信系统相同甚至更强的服务能力。各类军用移动终端除接入军中战术通信网络外,也可直接利用5G通信网络,进行加密数据通信,为军队提供"广覆盖、高速率、强兼容"的空地一体化备份通信能力,极大提升战场的信息化保障能力。

此外,在对外作战中,利用部署的5G通信系统,军队无须频繁调动军用通信卫星、预警机等资源,即可实现战场信息终端的互联互通,通信达到近乎无阻碍的标准,显著降低军事行动成本。因此,美国希望通过主导5G系统标准化,促进地面移动通信系统与卫星通信系统的无缝融合,推动新一代空地一体化通信网络建设和军民共用通信系统构建,而这一系统的构建,极有可能改变未来战场信息指挥体系。

第九章 3D和4D打印技术及其装备维修保障应用

3D和4D打印技术作为一种先进制造技术,其广泛应用于航空航天、舰船制造、精密仪器等领域,近年来其在军事领域也取得了长足的进步,如大型钛合金结构件、火箭发动机喷嘴的制造等。3D和4D打印技术在军事领域的应用,不仅局限于武器装备的开发研制应用,在武器装备维修保障领域,尤其是在高新技术装备维修保障应用中也有极大的应用前景。

第一节 3D和4D打印技术综述

对3D和4D打印技术相关概念的辨析和理解,有助于对3D和4D打印技术的起源、定位、功能等进行系统的认识和了解,以利于更好地认识和运用3D和4D打印技术。

一、3D打印技术概述

(一) 3D打印技术概念

3D打印技术有广义和狭义两个概念。广义的3D打印是指"增材制造"技术;而狭义的3D打印是指由麻省理工学院提出的一种分层制造堆积三维实体的方法,通常是指其广义的含义,也就是"增材制造"。传统制造工艺一般采用车、铣、刨、磨、钻等方法,逐步去除材料,实现三维零件成型,是一种"自上而下"的"减少材料"加工方式,也称为"减材制造"。这样的制造工艺受到刀具能够达到的空间限制,因此一般也很难制造出复杂的三维结构,如制造发动机叶轮需要五轴数控机床,并且要准确控制刀具的位置和姿态,才能实现叶片表面自由曲面成型,制作过程中还要避免叶片和刀具发生干涉。同时,这样的制造过程还要先开磨具,再熔炼铸锭去锻造一个毛坯,然后再经过铣削加工把多余的材料去掉,最后得到零件,材料利用率不超过10%。有了计算机以后出现的一种制造技术,出现一种截然不同的工艺,它不再需要模具,也不需要制坯,在一个完全没有任何材料的平面上,按照数字模型,在计算机的控制下一点点逐层成型、增加材料,最终制造一个零件出来。关于增材制造,美国材料与试验协会(American Society Testing and Materials,ASTM)国际委员会对其有明确的概念,即增材制造是依据三维CAD数据自动将材料连接制作物体的过程,这种制造方法不管最终想要成型的零件有多复杂,都把它在高度上切成厚度为无穷小的薄片,把三维问题变成一个二维问题,成型时始终是根据二维图形,一层层制造,再一层层往上增加。理论上只要有设计图纸和数字模型,就可成型任意复杂空间结构,而复杂程度与制造成本基本无关。

(二) 3D打印技术工艺方法

从20世纪80年代以来共开发了不少于20种的3D打印技术,我们可以把这些工艺从加工材料上简单区分为非金属和金属3D打印技术。

(1) 非金属3D打印技术。非金属3D打印技术就是狭义的3D打印(3D Print),这种方法最早由麻省理工学院发明,原理和喷墨打印机一样,简单地讲,喷墨打印机打印头喷的是墨水,控制打印头在纸上移动,喷到的地方就有了墨迹,这就是二维喷墨打印。而现在,打印头不喷墨水改喷胶水,打印纸换成薄薄的一层粉末,控制打印头移动,凡是胶水喷到的地方就把粉末黏到一起,没有喷到的地方还是未黏结的粉末,打完一层,再铺一层,就这样一层一层地往上打,最终就黏结打印出一个三维产品,这就是3D打印。第二种称为分层实体成型法(Laminated Object Manufacturing,LOM),通过对如纸片、塑料薄膜或复合材料等片材,一层层切割和逐层往上黏,并最终去除废料,完成三维产品,基本原理就像纳鞋底。第三种称为熔丝堆积(Fused Deposition Modeling,FDM),通过把高分子材料的丝状物加热变软,黏在工作台面上形成工作截面,然后一层层涂覆,最终形成三维产品,基本原理就像挤牙膏。第四种方法称为激光固化(Stereo Lithography Apparatus,SLA),用低功率的激光对液漕里的液体树脂等光敏聚合物进行逐层照射,层层固化连接,最终从液体中捞出固化的三维产品。还有一种方法称为选择性激光烧结(Selective Laser Sintering,SLS),用较高能量的激光对工作台上的尼龙、塑料、石蜡和金属混合粉等粉状材料逐层照射烧结出形状轮廓,再铺粉烧结连接,最终移除未烧结粉末,形成三维产品。

(2) 金属3D打印技术。非金属3D打印起步发展较早,但是受材料和工艺限制,这些制件一般力学性能较差,强度、韧性相对较低,一般是用来做阴模或砂型间接成型复杂结构,直接制造一般用在对强度、刚度、功能和表面等要求不是很严格的概念型模型、功能单一的结构件和工艺品方面。第一种为选择性激光熔融(Selective Laser Melting,SLM),一种典型的3D打印金属直接成型技术,是SLS技术的延伸,用金属粉末代替SLS中的高分子聚合物作为黏合剂一步直接形成多孔性的成品。第二种为激光立体成型(Laser Solid Forming,LSF),原理与FDM有点类似,用金属丝或者粉末代替原来的热塑性高分子材料,通过激光融化作用在基件或者工作台上,逐层融化堆积形成最终产品。第三种为电子束熔融(Electron Beam Melting,EBM)成型法,其工艺过程与SLM非常相似,最大的区别是能量源由激光换成了电子束。生产过程中,EBM和真空技术相结合,可获得高功率和良好的环境,从而确保材料性能优异。还有一种为电子束熔丝沉积(Electron Beam Free Form Fabrecation,EBF3)成型法,其工艺过程与LSF非常相似,最大的区别也是能量源由激光换成了电子束。

二、4D打印技术概述

(一) 4D打印技术概念

2013年,麻省理工学院的科研团队,首次提出4D打印技术。4D打印技术是对3D打印技术的改进完善。3D打印技术是一种增材制造技术,它以数字模型文件为基础,运用粉末状金属或塑料等可黏合材料,通过逐层打印的方式来构造物体的技术。4D打印技术与3D打印技术从字面相比较,多了一个"D",多出的这个"D"是指时间维度,增加了一个维度"变化",即在3D打印过程中,在预先设定的部位置入某些智能材料,由3D打印技术制造的智能材料结构可以随着时间进行变化,在外界环境激励下可以产生形状结构的变化,4D打印制造的三维实体结构不再是静止的、无生命的,而是智能的、可以随外界环境发生相应变化的,借助4D打印技术制造出的智能结构,可以发生由一维或二维结构向三维结构的变化,或者由一种三维结构变形成另一种三维结构,打印完成后将产品放在特定的环境中,智能材料在外界环境的作用下发生物理或化学变化,导致产品整体形状、强度等要素发生变化。4D打印的核心技术是材料自组装,4D打印技术的关键是记忆合金,其核心准确地说是一种新型能够自动变形的材料,不需要借助于任何复杂的机电设备,就能按照事先所设计的产品自动折叠成相应的形状,并满足性能要求。

(二) 4D打印技术流程

利用智能材料和多种材料3D打印技术实现4D打印技术,是通过3D打印形状记忆聚合物(Shape Memory Polymer,SMP)纤维和有机聚合物基体,将形状聚合物纤维结合到有机聚合物基体中,制造出的智能材料结构随时间可发生形状结构变化。4D打印技术首先采用多种材料3D打印技术,利用喷头将聚合物液滴喷射到工作平台上,利用刮板将喷射的液滴刮平,之后用紫外光进行固化,逐点累加固化成型一层结构之后,工作平台下移一层的高度,逐层固化实现三维结构的制造,3D打印制造出的智能结构由形状记忆聚合物纤维和有机聚合物基体组成。4D打印技术采用同时3D打印SMP纤维和有机聚合物基体材料,打印成型的智能结构具有形状记忆效应。若将该智能结构与另一有机聚合物材料层结合构成双层结构,通过温度的变化可实现弯曲变形和初始形状之间的转化,而且通过改变SMP纤维的方向角度来改变智能结构的弯曲变形幅度,从而控制智能结构的变形。

3D打印技术是建模在先,打印产品在后,而4D打印则是把产品设计嵌入可以变形的智能材料中,无须人为干预,通过某些特定条件激活,进行自我组装,得到产品。4D打印的创新点在于"变",它是一个动态的过程,不但能够创造出有智慧、有适应能力的新事物,而且可以彻底改变传统的工业打印。4D打印技术是对3D打印技术的改进和完善,在科学技术高速发展的今天,我们完全有理由相信,在不久的将来,4D打印技术应用于生产实际必将成为一种可能,且存在巨大的应用前景。2013年2月26日,在美国加州举行的娱乐和设计大会上,麻省理工学院建筑系自组装实验室专家斯凯勒·蒂比茨向世人展示了"梦幻"般的4D智慧:只见一根看似普通、由3D打印机打印出来的新型复合材料管被缓缓置入水中,随着时间推移奇迹发生了,静置在水中的细管,竟像一条经过冬眠的蛇慢慢苏醒、移动、旋转,最终形成了正四面体形态。"4D智慧"是在传统3D打印技术中再加入"时间"变量,不仅包含3D的长、宽和高3个维度,还增加了一个时间维度,使打印出的物体可以随着时间推移在形态结构上自我进行智慧调整,最终自动达到预先设计要求。目前,利用3D技术已可以打印出从食品面包到军械枪弹等各种新产品。但4D打印又与3D打印有所不同,首先,4D技术重在利用计算机软件,并将相关设计思想直接内置于材料当中,同时赋予其按需求改变形状的能力,所产出的物品如同智能机器人一样,无须外接任何设备,就能实现"自动适应""自动调节"和"自动创造";其次,4D技术需要静止的和活动的两种材料。静止材料奠定了物品的几何结构,而活动材料包含了促使物体变形的能量和信息,成为可编程材料,以及一种高科技智能材料;最后,4D变形功能可谓应用潜力无限,适用领域广阔:从军用到民用;从日用消费品生产到生物医学实践;从航天工业到体育娱乐,可谓无所不及,未来将被应用到生产和生活各个领域。

(三) 4D打印构成要素

3D打印要预先建模、扫描,然后用相应的材料按照之前的计划完全复制。其输出的对象是固定的、静态的。如果想要更复杂的物体,那么需要打印多个零件,然后组装。4D打印则是直接将想要的形状输入材料,然后打印输出,在特定的条件下,物体会"自动"出现,后续不需要任何组装设备与人员劳作。可以看出,对象前期的形状"编码"和材料选择及输出缺一不可。因此,实现4D打印必须有三个要素:

(1) 几何预编程软件。2012年,麻省理工学院与Autodesk公司合作开发出了Project Cyborg设计软件。该软件是一个基于云计算的设计平台,目前以客户端的形式,通过网络—服务器—密钥的方式提供给客户使用,可用于从纳米级到米级范围的物体设计,且同时提供建模、仿真及多目标优化设计,具有可模拟物体自组装和形变关节点的处理等功能。其目的是通过该软件的设计和演示,以虚拟的方式再现设计对象在现实世界中四维变化的过程。这一应用淘汰了先模拟再建设或建设之后再调整模型的传统方式。配套的硬件与其构成的工作流程可以对仿真过程中最终呈现的物体形态及所使用材料进行实时调整,提供自上而下和自下而上的物理与数字上的设计变革模式。

(2)智能材料。智能材料是指具有感知环境(包括外环境和内环境)刺激,对其进行分析、处理、判断,并采取一定的措施进行适度响应的智能特征的材料。首先是具有感知功能,能够检测并识别刺激强度,这些刺激包括光、电、应力、热、化学、应变、核辐射等;其次是能够响应外界变化,具有自驱动功能且反应比较灵敏;最后是能够按照"预定设"方式选择并控制响应,当刺激消除后,可迅速恢复到初始状态。

智能材料价格昂贵且属性也被限定,因此4D打印更倾向于使用日常材料,如塑料、金属和木材等,并将它们以智能的方法进行结合,通过打印机以不同的厚度与方位来结合与打印这些材料。由于在设计之初,诸如形状变化、自行组装所需的能量多少等信息都以"编码"的方式包含在材料的属性中,所以打印出来的物体可随环境变化做出反应,用以模仿由制动器、发动机和传感器来驱动的机器组装设备的运动。这项新科技来自麻省理工学院的自组装实验室,Skylar Tibbits 及其团队正在对"可编程的材料"进行实验。研究人员用3D打印机打印出这些物质,然后观察它们在四维空间里改变形状或自动重组成新的模式,使得设计转化成产品时,更高程度的自动化装备过程成为可能。

(3)3D多材料打印机。4D打印技术目前主要由3D多材料打印机进行实现。3D多材料打印机不同于多介质打印机,关键区别在于前者可适用于多种"油墨",而后者是将固定的"油墨"打印在不同的材质上。3D打印的设计过程是将建成的三维模型"分区"成逐层的截面(即切片),从而指导打印机以层叠薄层的方式逐层打印。

第二节　3D 和 4D 打印技术在装备保障领域的优势

3D 和 4D 打印作为一项颠覆性技术,将创造出"可被编程的世界",实现真正意义上的"智能制造",对包括军事装备保障领域在内的传统制造业产生革命性的影响。

一、在装备保障领域的技术优势

(一)材料利用高

传统的零件制造大都通过模具和机械加工来完成,在此过程中,零件的大部分材料通过车、铣、刨、磨等减法加工工艺去除,最终材料利用率不超过 20%,3D 和 4D 打印技术属于加法加工工艺,零件各部位根据实际需要的尺寸进行精确堆积,无须模具和机械加工,无须后续加工,从而使得材料利用率大幅提高。研究表明,采用 3D 和 4D 打印技术可使材料利用率提高 5 倍以上、制造成本至少降低一半。

(二)零件制造快

传统生产模式下,零件需要毛坯制造、机械加工、金属热处理等诸多工序才能形成,各工序不能互相调整,这种流水线生产模式使得零件制造效率低,供货周期大幅延长。采用 3D 和 4D 打印技术后,其零件制造为一站式生成,即从原料到产品只需两道工序(离散和堆积)即可完成。工艺流程短,先前长长的流水线、轰鸣的机器声音都将不复存在,使得零件制造周期大幅缩短,从提出需求到产品生产出来,只需数小时,相关数据表明采用该技术,使制造周期至少缩短 2/3。

(三)占地空间小

传统零件生产过程中,往往需要铸造机、锻压机、车床、铣床、磨床、刨床等设备,这些设备占地空间大,往往还需要建设专用厂房。采用 3D 和 4D 打印技术后,无需专用厂房,占用面积大幅减少,往往只需一个人、一台计算机、一部打印机,就有可能组成一个"打印工厂",采用该技术打印小型物品时,甚至只需将其放置在普通办公室即可,即使打印发动机壳体、传动箱、变速箱、轮胎,甚至液压柱部件等大型物体时也无须专门建设厂房。

(四) 质优量更轻

受现有制造和加工工艺水平限制,许多零件外形非常笨重,含有较多与制造加工有关但与其功能无关的"多余物",而3D和4D打印技术出现后,设计理念新,它彻底摆脱了原有加工工艺的羁绊,制造过程与零件的复杂程度不再紧密相连,能以最优方式来实现其功能,使得一些传统工艺根本无法生产的特形零件制造成为可能,更为重要的是采用该技术生产制造的零件,不仅精细轻盈,而且质量更为优异。

二、在装备保障领域的优势体现

(一) 快速制造备用件

在未来信息化战场上,无论武器装备处于何种位置,一旦要更换损毁的零部件,技术保障人员就可随时利用携带的3D和4D打印机,快速打印出所需部件进行装配,让武器装备重新投入战场,美军高度重视3D和4D打印技术,他们将3D和4D打印装备封装到一个长达6m的集装箱内,称为"移动零件医院",该"移动零件医院"可将塑料、钢铁和铝等材料快速打印为战场急需的零部件,美军在阿富汗战区部署了两个"移动零件医院",极大地增强了作战分队的可持续作战能力。

(二) 精确修复损伤件

受装备工况影响,零件损伤呈多样性和复杂性,传统修复工艺属于粗放式尺寸修复,存在修复量远大于实际需要量,且热输入量大,导致工件易变形、内部缺陷多、晶粒粗大、后加工时间长、性能降低等,采用3D和4D打印技术进行损伤零件修复时,可根据缺损区域的大小、形状来精确确定工艺参数、科学规划修复路径,实现缺损区域的定点、足量、定形修复,修复后的零件组织均匀性好、变形小、热影响区小,零件性能得到最大限度的修复。

(三) 升级改造服役件

采用3D和4D打印技术还可对一些原先设计不合理的零件进行升级改造,一旦原始零件损坏,就可使用该技术快速打印出结构更优化、性能更优异、拆装更便捷、功能更完备的新型零件,目前美军已使用该技术对某型导弹弹出式点火器模型进行了升级改造，并取得了良好效果，美军甚至还希望通过在机器人体内植入3D打印机，使机器人半自动化地实现"相互沟通、协作以及制造"等能力。

（四）现场制造大型件

尽管3D打印前景广阔，但是受限于3D打印机的尺寸，目前还只能实现中小尺寸材料构件的现场打印制造。利用4D打印技术，可以预先设计大型结构的折叠状态，以及展开所需的关键部位和敏感材料，然后利用3D打印机打印出半成品，通过特殊的物理场控制实现成品的自动展开。典型的应用是卫星太阳能帆板和天线等大型结构的空间自组装，将大大减少所需的机械部件数量和质量，降低卫星发射所需的体积和质量。

大型军用构件制造的成本控制一直是个难题，然而利用4D打印技术可以大为改善，我们可以控制智能材料的关键部位或敏感部位，把大型构件设计成折叠状，然后利用3D打印机得到半成品，最后通过特殊的参数刺激控制来实现大型军用构件的自动展开。例如，将4D打印技术应用于军用人造卫星，通过该技术的自动展开和组装功能快速成型帆板与天线等大型构件，将大大减少机械部件的数量和质量，降低发射军用卫星所需成本。

（五）大幅降低库存量

海湾战争中，由于库存积压，战争结束后美军不得不将滞留在沙特堆积如山的装备物资运回国内，造成高达20亿美元的损失，同时美国国防工业部门也证实备件的"购买与使用比"高达20∶1，随着大量新型装备不断列装，各级仓库的备件种类和数量急剧增大，尽管如此，其保障效果也难尽如人意，采用3D和4D打印技术后，通过对备用件实施快速制造和损伤件快速修复，可使得器材任务部队器材携带量和各级仓库库存量大幅降低，甚至实现零库存。

第三节 3D和4D打印技术对装备维修保障的影响

3D和4D打印技术在装备维修保障领域应用极具潜力，工艺制造复杂的装备配件、不便携带的装备和武器弹药，可以设计好打印程序或使用设定好程序的材料,运抵战场或敌后再自行打印组装,打印出会自动变形的坦克和装甲车辆,再根据地形适时隐蔽和保护自己,野外应急作战用的帐篷甚至能够自动适时展开与撤收,从一定意义上讲,未来装备维修保障对3D和4D打印技术的需求会越来越大。

一、3D和4D打印技术在装备维修保障中的具体应用

(一)树脂零部件打印

塑料树脂材料因重量轻、耐腐蚀、经济性好等特点在装备零部件中得到大量应用,美军已采用"树脂"原料打印出了AR-15步枪下机匣,并进行了试射击。目前,可用来进行3D打印的塑料树脂材料主要有ABS丝材、人造橡胶、PS粉末、环氧树脂、硬质聚氨酯等,采用该技术可用来制造和修复各种油管、气管水管、阀门、轮、轴承、压力调节器等树脂零部件,甚至飞机蒙皮。

(二)金属零部件打印

金属材料具有机械强度高、力学性能优异等特点,仍然是武器装备的主要用材,采用3D和4D打印技术制造和修复金属部件时,所获得的零件不仅重量减轻而且硬度、耐磨性、耐蚀性以及物理化学性能更加优异。研究表明,钛合金3D打印构件的力学性可达到甚至超过铁合金模锻件,疲劳极限提高了15倍、高温持久寿命则提高了4倍,抗疲劳裂纹扩展能力提高一个数量级。可用来进行3D打印的金属材料主要有316、304不锈钢、镍基高温合金、H13工具钢以及镍铝金属间化合物等,金属零件3D打印机所用的能源主要有激光、电子束、等离子弧和电弧等,采用该技术可用来制造和修复气缸套、过滤器件、油箱等金属零部件,该技术在某国新型战机设计研制中也获得大量应用,在战机的主承力部分,整个前起落架就是采用该技术制造的。

(三)陶瓷零部件打印

陶瓷材料具有绝缘性高、耐高温性好、耐腐蚀性强、强度高、硬度大等特点,在装备关键零部件中得到应用。采用该技术可用来制造和修复各种发动机活塞、活塞环、气缸套、预燃烧室、气门头、气门座、气门挺杆等陶瓷零部

件,当采用纳米陶瓷材料打印时,制造的陶瓷零件具有特殊的超塑特性,能有效克服陶瓷材料韧性不足的缺点,可将其用于发动机、柴油机转子、滚珠轴承和精密机床的主轴以及核反应堆内部部件等。

二、3D和4D打印技术在装备维修保障中的应用价值

(一)大幅提升装备维修保障效能

3D和4D打印技术将颠覆武器装备传统的制造—部署—使用—报废的流程,可能使之优化为半成品制造—部署—现场塑造—使用—回收—再部署。武器装备将可以在现场部署,根据周围环境和作战目标的不同,4D打印生产的武器装备可根据环境和攻击目标而优化武器攻击性能,从而提高作战效能,通过优化调整设计参数,快速塑造成型,甚至实现环境自适应,从而大大提高武器装备的环境适应能力。例如,通过4D打印技术有可能实现根据外界光照的变化自动变换形状和颜色的伪装网,美国陆军部已投入大量资金开发"自适应伪装作战服",通过智能材料感知外光的变化,自动实现与周围环境及地貌融为一体,从而改善伪装效果。

(二)有效降低装备维修保障难度

未来联合作战是多军兵种联合参与的一体化作战行动,参战力量多元,参战装备种类繁多、制造工艺复杂,信息含量高且数量巨大,装备维修保障必然也是多元构成的,装备维修器材、保障设备、保障技术、保障人员等保障要素多元化趋势日趋明显,装备维修保障任务重、难度大、标准高、时效强的特点将进一步凸显,利用3D和4D打印技术,根据任务需要,按照打印需求进行保障,可大量减少生产和技术保障人员数量,降低保障力量的专业化门槛,从而降低保障难度。早在2012年,美国陆军快速装备部队就将两个移动远征实验室部署到阿富汗战区的南部和东部战区,移动远征实验室是一个长20英寸(1英寸=0.0254m)的标准集装箱,包括3D打印机、数控机床、等离子体切割机等,其中主要目的是帮助设计人员利用计算机辅助设计软件,将铝、塑料、钢材等加工成所需零部件,在战区快速生成原型产品,且只需要两名操作人员就可完成单兵防护装备和武器零部件的现场生产,通过这种做法加强单兵作战、战区巡逻以及小型前线作战基地的可持续能力,有

效减轻了装备维修保障压力。我国也自行研制了3D打印方舱,由西安交通大学牵头并联合华中科技大学及空军装备部等单位共同研制的"战场环境3D打印维修保障系统",该系统由用于分类存储和管理系统构成,包含武器装备的零件数据模型、种类、材质和大小等原始设计数据的零部件基础数据软件,用于对有修复基础的损毁零部件相关部位的三维反求测量,得到修复三维模型、解算修复量、三维反求测量系统,以及根据零部件或修复部位的种类、材质、大小等因素的多种3D打印系统组成,综合应用了金属和非金属3D打印的各类方法,有望成为我军下一代战场快速应急抢修保障装备。可适情"轻量化"投到敌后战场,还可解决当前部队装备维修保障遇到的实际困难,也可用于交通不便的海岛、高山哨所、军事基地的武器装备日常维护。

(三)直接提高装备维修保障效率

3D和4D打印技术可显著降低维修保障资源准备时间和后送时间,为实现即时保障提供重要的技术手段。尤其是在远洋海外、外空间等后送困难的区域,虽然增材制造相对时间会稍长,却可有效解决维修保障的问题,相对而言要高效许多,甚至可能是唯一技术手段。首先,利用3D打印技术,可以在战场环境下,对损坏的武器装备零部件进行直接制造,如我军海外军事行动中,某型号驱逐舰在亚丁湾执行护航任务时,战舰柴油机上一根重达25kg的轴承断裂,导致主机突然无法启动,为修复主机,舰员自己照着图纸通过3D打印加工了一根"与原件类似的轴承",很快主机恢复了工作。又如在亚太地区巡航的"黄蜂"号航空母舰,其搭载的海军陆战队F-35B"闪电"Ⅱ隐身战斗机的一名地勤人员,曾用中国的3D打印机成功打印了一个完全符合标准的舱门卡扣。其次,可以用在零部件的维修中。3D打印技术可以直接根据扫描零部件损伤部位求得的3D数字模型,在基件上对损伤的零件直接修复,这种进行逆向仿制能力对于已无库存的备品和老旧装备的修复非常重要。2014年,美国一架AV-8B"鹞"式飞机在美国海军两栖攻击舰上进行硬着陆时,损坏了鼻锥处的一个结构框架,维修小组使用3D打印技术将受损部件及时修复,保障战斗机快速修复并恢复工作;德国InssTek公司使用3D打印技术为韩国空军成功完成了F-15K战斗机钛合金发动机护罩和钴合金空气密封件的修复工作,该方法制造的零件加工时间短,完全满足安全性、可靠性等使用要求;2016年,以色列空军维修单位(Aircraft Maintanence Unit,AMU)利用3D打印技术,制造强度相当于铝的塑料聚合物零部件修复老旧的F-15战斗机,使翻新后的飞机恢复战斗力;美国安妮斯顿陆军基地采用激光熔覆沉积成型技术(LENS)成功修复M1主站坦克的燃气涡轮。又如我国西北工业大学也利用该技术成功修复某型航空发动机叶片,原装甲兵工程学院也利用基于焊接的3D打印成型技术成功修复多项坦克装备失效零部件。最后,可以在组合件一体化成型中应用。一般而言,产品的组成部件越多,后期出问题的可能性越大,可维修性就越差,3D打印技术能实现零部件一体化成型,如航空发动机的一些关键组合件、燃油喷嘴等,传统生产工艺需要20多个零部件。而且制造出的产品和传统工艺生产的同类产品相比,质量减轻了25%,使用寿命也延长了将近5倍,从装备优生角度看提高了装备性能,可有效降低装备故障率。

(四)优化装备维修保障器材储供

应用3D和4D打印技术能够有效缓解保障需求多样和器材备件携行不便的困难,为实现"部署靠前"的伴随保障提供重要技术手段,有效解决特殊环境下经常面临的"带来的用不上,用得上的没带,后方筹措又太慢"等现实情况。未来应用3D和4D打印技术,可以直接储备和携行原材料,或者在预定地点空投材料集装箱,前方根据零部件的电子资料,快速成型零件或修复装备。通过3D和4D打印技术,将更多武器装备制造成折叠状态,减小了装备体积,既可优化预置预储,又方便远程机动,减少长途运输中可能发生的不必要损坏,3D和4D打印出的半成品将有更强的可塑造能力和环境适应能力,也有望减少装备器材的种类和库存数量,发挥更强的保障效能。

(五)完成极端情况下的器材再造

未来军事行动战场空间广阔,系统对抗突出,作战方式多样,呈现扁平化、合成化、一体化等特点,在执行高强度军事行动,甚至在战争的极端状态下,任务部队不可能携带大量的装备维修器材设备,一旦装备出现故障,在伴随力量无法修复、器材又无法及时前送的情况下,可以依托携带的3D和4D打印设备,随时将粉末打印构建成所需的零部件,对功能梯度材料等制备难度大的零配件,使用金属粉等材料,可以根据需要如彩色打印机打印不同的颜色一样,按需使用、自由配置,对构成极度复杂的器材配件,也可借助物联网,完成对其重要支撑的复杂传感器和装备一体打印,为虚拟维修和全资可视化提供更可靠的数据支持。同时,4D 打印技术将为微小型机器人的运动与变形提供新的技术路线,通过敏感材料的精确设计和控制,有望取代齿轮等传统机械部件实现机器人运动,从而显著减小机器人的重量和能耗需求,据此,可推动微小型装备维修机器人的发展,对精度要求高,作业环境复杂危险的条件区域,微小型维修机器人可替代人力在装备维修方面大显身手。

第十章　虚拟现实技术及其装备维修保障应用

虚拟现实技术的出现具有强烈的应用背景,受到越来越多人的认可,其在民用领域,尤其在教育领域的应用已经非常广泛,并随着虚拟现实技术的不断发展已经越来越成熟。尽管虚拟现实技术在军事领域中的应用尚没有成规模、成体系,尚需成熟,但必将对军事领域有着不可估量的影响,虚拟现实技术军事应用也必将逐步走向成熟。

第一节　虚拟现实技术综述

虚拟现实技术可以使人们在虚拟现实世界体验到最真实的感受,其模拟环境的真实性与现实世界难辨真假,让人有种身临其境的感觉,虚拟现实具有一切人类所拥有的感知功能,还具有超强的仿真系统,真正实现了人机交互,使人在操作过程中,可以随意操作并且得到环境最真实的反馈。虚拟现实技术受到了越来越多人的认可。

一、基本概念

虚拟现实技术是指虚拟现实(Virtual Reality,VR 技术)、增强现实(Augmenged Reality,AR 技术)和混合现实(Mixed Reality,MR 技术),一般认为,在技术层面 3R 是相通的,甚至将这 3 个 R 认定为是可以梯度演进的,而在产业化和投资方面,也有可能遵循这一不断升级的次序,虽然技术基础是相通的,但这 3 种技术不论支撑硬件还是其体验模式却是有差别的。

(一) 虚拟现实

虚拟现实,这一名词是由美国 VPL 公司创建人拉尼尔(Jaron Lanier)在 20 世纪 80 年代初提出的,也称灵境技术或人工环境。作为一项尖端科技,虚拟现实集成了计算机图形技术、计算机仿真技术、人工智能、传感技术、显示技术、网络并行处理等技术的最新发展成果,是一种由计算机生成的高技术模拟系统,它最早源于美国军方的作战模拟系统,20 世纪 90 年代初逐渐为各界所关注并且在商业领域得到了进一步的发展。这种技术的特点在于计算机产生一种人为虚拟的环境,这种虚拟的环境是通过计算机图形构成的三维数字模型,并编制到计算机中去生成一个以视觉感受为主,也包括听觉、触觉的综合可感知的人工环境,从而使得在视觉上产生一种沉浸于这个环境的感觉,可以直接观察、操作、触摸、检测周围环境及事物的内在变化,并能与之发生"交互"作用,使人和计算机很好地"融为一体",给人一种"身临其境"的感觉。

虚拟现实的概念刚提出时具体是指借助计算机及最新传感器技术创造的一种崭新的人机交互手段。虚拟现实是利用计算机模拟产生一个三维空间的虚拟世界,提供使用者关于视觉、听觉、触觉等感官的模拟,让使用者如同身临其境一般,可以及时、没有限制地观察三度空间内的事物。

1992 年,美国国家科学基金资助的交互式系统项目工作组的报告中对 VR 提出了较系统的论述,并确定和建议了未来虚拟现实环境领域的研究方向。可以认为,虚拟现实技术综合了计算机图形技术、计算机仿真技术、传感器技术、显示技术等多种科学技术,它在多维信息空间上创建了一个虚拟信息环境,能使用户具有身临其境的沉浸感,具有与环境完善的交互作用能力,并有助于启发构思。

(二) 增强现实

增强现实技术最早于 1990 年提出,它是一种将真实世界信息和虚拟世界信息"无缝"集成的新技术,是把原本在现实世界的一定时间空间范围内很难体验到的实体信息(视觉信息、声音、味道、触觉等)通过计算机等科学技术,模拟仿真后再叠加,将虚拟的信息应用到真实世界,被人类感官所感知,从而达到超越现实的感官体验。

从字面上理解,增强现实是在现实的基础上做强化,现实世界里叠加了虚拟的事物,让现实拥有更多的内容。这是一种实时地计算摄影机影像的位置及角度并加上相应图像的技术,这种技术的目标是在屏幕上把虚拟世界套在现实世界并进行互动,AR提供了在一般情况下,不同于人类可以感知的信息,它不仅展现了真实世界的信息,而且将虚拟的信息同时显示出来,两种信息相互补充、叠加。在视觉化的增强现实中,用户利用头盔显示器,把真实世界与计算机图形多重合成在一起,便可以看到真实的世界围绕着它。增强现实技术包含多媒体、三维建模、实时视频显示及控制、多传感器融合、实时跟踪及注册、场景融合等新技术与新手段,这种技术的目标是在屏幕上把虚拟世界套在现实世界并进行互动,类似于Faceu特效相机,这款APP会自动识别人脸,并在人脸上叠加动态贴图和道具,从而创造出卖萌搞笑的效果图片,通过扫描报纸上的二维码等,可以收听收看音视频等,这都是AR的最基础应用。

(三)混合现实

混合现实即包括增强现实和增强虚拟,指的是合并现实和虚拟世界而产生的新的可视化环境。混合现实技术是虚拟现实技术的进一步发展,该技术通过在虚拟环境中引入现实场景信息,在虚拟世界、现实世界和用户之间搭起一个交互反馈的信息回路,以增强用户体验的真实感,混合现实是一组技术组合,不仅提供新的观看方法,还提供新的输入方法,而且所有方法相互结合,从而推动创新。在新的可视化环境里物理和数字对象共存,并实时互动,混合现实的实现需要在一个能与现实世界各事物相互交互的环境中,如果一切事物都是虚拟的,那么就是VR领域;如果展现出来的虚拟信息只能简单叠加在现实事物上,那么就是AR领域;MR的关键点就是与现实世界进行交互和信息的及时获取。例如,一间大型体育馆内,一条鲸鱼凭空从地板中冲出,激起无数浪花,观众只凭肉眼就可以欣赏,因为鲸鱼和浪花不是现实,却与现实完美契合,这实际上只有MR可以达到这种效果。但遗憾的是,现阶段的技术是无法现实的,毕竟凭空看到一个虚拟物体,这种梦想燃烧了几百年,除了在电影中能够看到,在现实生活中能够通过3D全息影像技术重现,但是不管使用哪种全息投影技术,都有两个限制:一个是需要一款屏幕,另一个是投影需要黑色的背景或者是投影中不使用黑色,因为我们目前的技术还不能发出黑色光线。

二、主要特征

虚拟现实技术的主要特征有以下几点:

(1)沉浸性。沉浸性是虚拟现实技术最主要的特征,就是让用户成为并感受到自己是计算机系统所创造环境中的一部分,虚拟现实技术的沉浸性取决于用户的感知系统,当使用者感知到虚拟世界的刺激时,包括触觉、味觉、嗅觉、运动感知等,便会产生思维共鸣,造成心理沉浸,感觉如同进入真实世界。

(2)交互性。交互性是指用户对模拟环境内物体的可操作程度和从环境得到反馈的自然程度,使用者进入虚拟空间,相应的技术让使用者跟环境产生相互作用,当使用者进行某种操作时,周围的环境也会做出某种反应。例如,使用者接触到虚拟空间中的物体,那么使用者手上应该能够感受到,若使用者对物体有所动作,物体的位置和状态也应改变。

(3)多感知性。多感知性表示计算机技术应该拥有很多感知方式,如听觉、触觉、嗅觉等。理想的虚拟现实技术应该具有一切人所具有的感知功能。由于相关技术,特别是传感技术的限制,目前大多数虚拟现实技术所具有的感知功能仅限于视觉、听觉、触觉、运动等几种。

(4)构想性。构想性也称想象性,使用者在虚拟空间中,可以与周围物体进行互动,可以拓宽认知范围,创造客观世界不存在的场景或不可能发生的环境。构想可以理解为使用者进入虚拟空间,根据自己的感觉与认知能力吸收知识,发散拓宽思维,创立新的概念和环境。

(5)自主性。自主性是指虚拟环境中物体依据物理定律动作的程度,如当受到力的推动时,物体会向力的方向移动、翻倒或从桌面落到地面等。

三、关键技术

虚拟现实的关键技术包括：

（1）动态环境建模技术。虚拟环境的建立是 VR 系统的核心内容，目的是获取实际环境的三维数据，并根据应用的需要建立相应的虚拟环境模型。

（2）实时三维图形生成技术。三维图形的生成技术已经较为成熟，那么关键就是"实时"生成。为保证实时，至少保证图形的刷新频率不低于 15 帧/s，最好高于 30 帧/s。

（3）立体显示和传感器技术。虚拟现实的交互能力依赖于立体显示和传感器技术的发展，现有的设备不能满足需要，力学和触觉传感装置的研究也有待进一步深入，虚拟现实设备的跟踪精度和跟踪范围也有待提高。

（4）应用系统开发工具。虚拟现实应用的关键是寻找合适的场合和对象，选择适当的应用对象可以大幅度提高生产效率，减轻劳动强度，提高产品质量。若想要达到这一目的，则需要研究虚拟现实的开发工具。

（5）系统集成技术。VR 系统中包括大量的感知信息和模型，因此系统集成技术起着至关重要的作用，集成技术包括信息的同步技术、模型的标定技术、数据转换技术、数据管理模型、识别与合成技术等。

第二节 虚拟现实技术在装备保障领域的优势

由于虚拟现实的立体感和真实感，虚拟现实技术可应用于军事、航海、航天、医疗、旅游和教育等许多领域。在军事装备保障领域，人们将武器装备的设计原理、结构构造操作使用等数据通过计算机进行编写，利用虚拟现实技术，能将原本平面的图纸变成一幅三维立体的图画，再通过全息技术将其投影出来，并进行交互和互动，有利于装备保障的整体效能。

一、虚拟设计可以验证装备保障性能,实现装备优生

在武器装备的生产或研制过程中,按照技术要求,充分试验论证将零件组合成部件或将部件组合成装备的过程,并验证其功能。以虚拟现实技术为基础,按装备生命周期建模,在计算机上完成装备零部件的实体设计造型,并完成装配、拆装等活动,实现武器装备的三维设计过程与零部件装配过程的高度统一。应用虚拟现实技术能以直观的方式检验装备设计过程中各种零部件约束的施加过程、分析约束对零部件运动的限制、检查拆装过程中的动态干涉,进而对可维修性等装备保障特性进行设计和验证。整装测试试验阶段,应用VR技术,可以使研制者和测试用户同时进入虚拟的作战环境中操作武器系统,充分利用分布交互式网络提供的各种虚拟环境,检验武器系统的设计方案和战技术性能指标及其操作的合理性,从而使武器的性能指标更接近实战要求,在定型列装前暴露问题,改进设计,为实现装备优生提供有效的手段和途径。同时,搭建与装备同步生产的模型产品和虚拟训练与技术保障平台,提供直观可靠的交互式电子手册,极大充实武器装备数字资源,丰富多样化装备训练手段,进一步提升武器装备保障效能。例如,在2016年,美国亨廷顿·英格尔斯工业公司提出在第三艘"福特"级航空母舰建造过程中,利用增强现实技术构建集成数字化造船环境,使船舶建造和操作过程更直观,实现造船全流程高效衔接,其应用可将建造成本降低15%。2016年,洛克希德·马丁公司宣布将在F-22和F-35战斗机的维护工作中引入爱普生第三代增强现实眼镜,检测员通过增强现实眼镜,可以看到投影于战斗机上的零件编号和状态,在飞机旁边就可以记录要修理的区域,减少操作错误,从而加速维护过程。NASA在"阿瑞斯"I型火箭的研制中,采用了维修仿真,通过仿真减少了100~312.5人/天的工作量,较传统的模式减少了1/4。"猎户座"宇宙飞船的设计也采用了虚拟装配技术,飞船在大约相当于一个小卧室一半的空间内,需要布置宇航员衣服及设备、航空电子设备、计算机、生命支持系统、热防护设备等,留给宇航员的空间只有剩下的约$10m^3$。因此,在飞船设计中,对体积、质量和功率均有苛刻的要求,而虚拟装配能够较好地解

决这一棘手问题,如果一个组件拆出的过程必须要先拆出别的组件,需要详细考虑宇航员执行该任务的详细操作。又如,其中一位机械工程师的任务是要拿出一个方案统筹考虑宇航员的位置、宇航员之间的间隔以及座椅设计,以确保宇航员能够顺利地接触到控制台,利用多达11名不同的宇航员数字模型,初步模拟活动空间进入和退出等过程,这就需要大量地通过模拟仿真。同样,中国在飞船、航天器等设计过程中也大量使用了虚拟现实技术。

二、模拟仿真可以真实再现训练环境,提高训练水平

将仿真技术与虚拟现实技术有机地结合起来,进行虚拟仿真训练可以较大提高训练质量水平。首先,可让受训者从教室、营房和训练营走向逼真战场。它所构建的立体逼真、惊险刺激、紧张激烈的战场模拟环境真实感超强,操作人员通过必要的设备,可产生"沉浸"于等同真实环境的感受和体验,能够不断提升他们的"战场适应力",锤炼和磨砺心理素质;同时在具体的任务和行动中,可通过采用综合航空照片、卫星影像和数字高程地形数据,来分析生成高分辨率的作战区域三维地形环境,以基本一致的虚拟环境来训练参战人员。其次,可缩短受训者对于装备技术保障操作的熟练程度。利用虚拟现实和仿真技术能完全实现实装训练的效果,满足装备维修保障原理教学、过程演示、内部构造关系、运行规律分析等理论和实训功能,其过程可控、操作安全、允许重复,不受气候条件、场地空间和实装数量限制,既能常规操作,又能培训各种环境下的应变能力,充分体现装备虚拟仿真训练的自主性。最后,可极大降低训练成本。真实条件下,训练所带来的巨额耗费有时让人瞠目结舌,虚拟仿真系统除了前期开发,对于训练成本而言,几乎接近于"零成本"。例如,美军开发的坦克 AR 系统,搭建专业的武器装备训练平台,实现对装备的虚拟驾驶训练和武器的操作训练、性能展示、运行原理仿真以及虚拟拆装,受训人员通过虚拟交互外设,可感受到接近真实效果的视觉、听觉和体感体验,从而迅速掌握武器装备的驾驶、操作、拆装;我军也在科研院所、部队建设了很多针对不同系统的仿真训练实验室。

三、自主维修可以实现直接可视指导，降低保障门槛

武器装备维修中应用增强现实技术，通过佩戴眼镜或者手持设备，结合必要的传感器，可直接定位故障部件，甚至可精确定位不直接可见的零部件并将其可视化，从而确认要进行修理或替换的零部件，并在其手把手的指导下完成相关的操作。采取这样的自主维修模式，不仅能够帮助维修人员迅速熟悉和掌握各种武器装备的维修技术，也能使整个维修过程更加规划和标准化，降低了武器装备保障人员门槛，提升了维修保障效率。当然操作人员也可对于系统提供的方法、手段和步骤，根据自身的经验提出意见建议并反馈，系统经过验证会接受采纳或给出安全提示，结合这种自主学习技术，有助于基于AR的维修系统积累知识、丰富经验、优化流程，这也可以说是最好的交互式电子手册。例如，波音公司在复杂的飞机制造流程中引入AR培训，极大提升了生产效率，在该公司进行的一项研究中，AR用来引导学员组装机翼部分的30个零部件，总共50道工序，在AR帮助下，学员花费的时间比使用普通2D图纸文件缩短了35%，经验较浅或零经验学员初次完成装配任务的正确率提升了90%。

四、远程支援可以身临现场组织实施，提升保障效率

远程支援超越时空距离组织实施支援，是军事领域一直未有效解决并长期关注的问题。远程支援这一概念经常出现在各类军事报道和学术文章中，通常会因为应用领域等方面的差异，被冠以不同的名称。例如，远程技术支援、远程维修技术支援等。现代意义的远程支援就是利用现代通信和网络工具跨越时空限制，通过信息交互实现技术信息的支援，远程支援一般情况下分为两种场景：一种是后方技术专家利用现代通信手段，为前方部队提供技术指导，排除装备故障，技术专家通常由相关院校、军代系统和厂家等专业人员担任；另一种是前方部队通过计算机网络访问部署在后方的知识库、故障诊断推理机，从而获得故障案例、专家知识或推理结论，进而排除装备故障问题。这些场景表现出的都是通过网络通信手段

跨越时空限制,实现信息交互,寻求解决问题方案的过程。从知识管理角度来说,针对一个特定问题的解决方案蕴含着问题的原理、机理和应对措施等方面的专业知识,但是随着高新技术在武器装备中的广泛应用,源自武器装备现代化所带来的装备中的知识含量也出现了激增,从而对前方装备操作人员和伴随保障人员对知识的掌握也带来了更大的挑战,如装备故障的定位和故障的准确描述等重要信息表述,传统的远程支援系统发挥效能的好坏,恰恰受限于此,远程支援恰恰可以弥补人工的不足。现在,应用增强现实技术,前方部队相关人员佩戴眼镜或者使用手持设备,通过摄像头采集第一视角画面,后端协作人员如亲临现场,可达到"你眼即我眼"的效果,实现"软件即仪器"的理念,协同更高效,同时配合语音识别的交互方式,结合空间定位、图像识别、动作捕捉和传感器技术,前端人员如技术专家"亲临现场"指导一样,实现更为精准高效的远程支援。基于AR远程支援对操作实时性要求很高,在移动网络传输方面时延要求小于20ms,而在中心服务器进行处理时延上消耗会比较大,5G网络相比3G、4G网络,具有超大带宽、超低时延、超大连接、超高可靠性的特点。通过AR技术与5G移动网络能力的结合,可以更有效地解决基于AR远程支援遇到的痛点和挑战,大大提高远程技术支援效率,进而提高部队的装备技术保障能力。

第三节 虚拟现实技术对装备维修保障的影响

虚拟现实技术在装备维修保障领域中的应用,可称为虚拟维修。虚拟维修是虚拟技术近年来的一个重要研究方向,目的是通过采用计算机仿真和虚拟现实技术,在计算机上真实展现装备维修过程,延长装备寿命周期,增强装备维修决策能力。其主要包括维修性设计分析、维修性演示验证、维修过程核查、维修训练实施等,如英国皇家海军在舰载核能推进系统维修项目上,采用模拟现实技术进行设备维修训练,我国大连海事大学也采用虚拟现实技术建立"轮机模拟器",进行轮机维修训练。虚拟维修技术的应用,具有显著缩短产品维修性设计时间、提高故障进行分析和维修预处理能力等优势,可明显提高维修作业效率等。

一、提升远程支援能力

利用虚拟现实技术,构建设备技术平台,进一步充实远程装备维修保障体系,为军事行动提供装备维修保障服务。从系统层次角度来看,远程维修技术平台是一个具有开放性的保障系统,由人机交互传感设备、显示设备、虚拟效果生成设备、维修实施系统等硬件,以及由专家系统、故障分析系统、维修后的评价系统、虚拟现实生成系统等软件共同构成。鉴于高新技术装备维修保障应用的特殊性,应重点在关键技术上求突破。一是虚拟现实系统,其目的是生成一个模拟的现实环境,对外界干预具有响应和组织能力,对某一具体的维修任务,有将其进行可视化并进行优化组合的能力。二是远程诊断系统,用户可以依托基于虚拟现实的远程诊断服务系统,将各种故障现象及其他的与故障有关信息,通过网络传输到基地技术服务中心,诊断系统对所采集的各种故障信息与数据库信息相结合,继而做出判断,其推理功能是智能诊断系统的核心。三是专家系统,这是实现故障诊断和确定远程维修方案的核心部分,由知识库和推理系统构成,知识库是在对各种经验规则和案例等搜集与选择基础上建立的庞大数据库,其表达方式上具有可读性,且内容上具有自动更新功能,推理系统是利用知识库和推理规则来对所接收的信息做出决策分析,并产生决策信息,人类专家可以对推理系统作实时干预,对推理系统的推理结果有判断判别和更改的能力。

二、提升可行性分析

在装备维修保障领域,对装备维修保障进行可行性分析,目前还缺少高质量的维修性评估与验证方法,缺少规范可行的制度依靠和方法应用。运用虚拟现实技术,对装备维修可行性分析,能够实现的功能:一是检测维修活动中所涉及的个体和工具的可达性及维修部位的可视性;二是能够对拆卸作业进行分解,确定拆卸顺序,并选择适当的拆卸工具;三是检测拆卸路径上是否有充分的活动空间,避免和周围环境的碰撞与干涉;四是审查是否符合人机工程学要求;五是能够给出产品设计的维修性评价及修改建议。装备维修可行性分析的基本目的是维修人员在进行或组织维修活动过程中能以最有效、最合理的方式进行维修,因此其方案必须合理、经济、安全和舒适,然而对于现代武器装备而言,其技术结构复杂,信息化含量高,机械工艺精密,很难将所有需要拆卸的零部件都布置在最优化的空间内,运用虚拟现实技术,对装备维修可行性分析,不是单纯地验证各个分系统或某个零部件,而是从系统的角度验证整个维修方案的可操作性及优劣程度。

三、提升训练质量效益

虚拟维修技术是采用虚拟现实技术开展装备训练的先进技术,它是虚拟现实技术在装备保障中的应用,是一个更合乎人的感觉的维修保障辅助系统。它突破了空间、时间的限制,可以实现逼真的装备装配、故障排除、检修操作,提取任何关于装备的已有资料和状态数据,检验装备性能。对于装备维修保障训练而言,通过实物建模,为保障维修训练提供一个更加逼真的维修模型,模拟拆卸过程,对设备的故障进行分析和维修预处理训练,受训者只需佩戴VR设备就可以在虚拟场景中对舰艇、武装直升机等武器装备进行反复的"拆卸和组装",也可以对装备故障进行检查和维修,大大提高了大型武器装备检查维修的便利性,有利于熟悉武器装备,为战时武器装备的故障抢修赢得时间。装备维修保障人员可以通过装备组成部件的各项参数及各种外在特征,发现装备中客观存在的故障,从而对其进行检修。使用美国空军研究实验室开发的"虚拟环境安全维修训练系统"对飞行维修人员进行训练,在虚拟环境中,人员能绕着飞机行走,就像在跑道或航空母舰的甲板上一样,并模拟各种维修保障作业,如加挂武器或拆卸零件,整个训练过程仅需两个半小时,是传统的维修训练方式难以实现的。同时,虚拟维修能提供更多的维修训练背景,虚拟化的维修训练不仅能为受训者提供与实物训练相同的环境,使受训者能够全身心地投入其中,还可为装备维修保障人员提供"虚拟战场",维修保障人员能在"虚拟战场"环境中反复、安全地训练各种装备维修保障技能,达到实物训练无法达到的效果,大大提高了训练的质量和效益。

第十一章　量子技术及其装备维修保障应用

量子技术是当前世界上最具颠覆性的前沿技术之一,已经成为世界主要国家进行高新技术竞争的重要领域。量子技术以极其神秘的气质,从发现之初起就带给人们无尽的想象空间,帮助人们真正认识微观物质的结构及相互作用,经过100多年的发展,人们将量子技术应用于众多领域,产生了很多分支,主要包括量子计算、量子通信、量子雷达、量子导航等。必将对未来作战产生颠覆性的影响,这些量子技术在推动新军事革命、改变战争形态中将起到至关重要的作用。

第一节　量子技术综述

量子技术,是量子力学与信息技术相结合的新兴技术,主要包括量子计算、量子通信、量子精密测量等领域和方向。未来,量子技术的发展和应用,将打破以微电子技术为基础的电子信息技术物理极限,颠覆现有电子信息技术体系,促进战争形态演变,对现代战争产生深远影响。目前,世界主要军事强国高度关注量子技术的研究与探索。

一、基本概念

量子是现代物理的重要概念,最早是由德国物理学家普朗克在1900年提出的,量子通常是指构成物质的基本单元,能量的最基本携带者,具有不可分割性。通俗地讲,量子是能表现出某物质或物理量特性的最小单元,就构成物质的最小单元而言,分子、原子、光子等微观粒子都是量子的表现形态。我们知道,宏观世界遵从经典物理学定律,粒子的运动状态、轨迹、位置是确定的。而量子世界遵从量子物理定律,粒子的运动状态、轨迹、位置是概率性的,具有叠加态。量子理论与以牛顿力学为代表的经典物理存在着根本性的区别,量子化现象主要表现在微观物理世界中。迄今为止,量子力学仍是人类一直探索的重要领域,而其应用已经为人类带来了半个多世纪的繁荣。

二、主要特征

(一) 量子的概率性

经典世界遵从经典物理定律,经典世界里粒子的运动状态、轨迹、位置是确定的。而量子世界遵从量子物理定律,量子世界里粒子的运动状态、轨迹、位置是概率性的,量子可以同时经由各种轨迹传送,并处于不同的状态。量子力学中的概率性最本质的原因在于测不准原理,我们观测粒子时不可能准确地得知粒子在某个时刻的位置和动量,原因是观测这个行为本身对粒子有影响。

(二) 量子叠加原理

量子叠加原理,是指量子不仅可以同时处于不同的状态,还可以处于这些状态的叠加态。量子叠加原理来源于薛定谔方程的线性特点,是量子力学中的一个基本原理,并广泛应用于量子力学的各个方面。量子力学可以用一个形象的比喻来描述,假设一辆汽车正在向前行驶,而路中间恰好有一块石头,汽车要么从石头左边驶过,要么从石头右边驶过,如果同时架设多部摄像机记录汽车驶过石头的这个瞬间过程,事后检查录像时就会发现,有的摄像机显示车从石头左边经过,有的摄像机显示车从石头右边经过。这在宏观世界简直不可思议,但这就是量子在微观世界中具有的叠加态,即在同一时刻能够同时具有多种状态。

(三) 量子纠缠原理

量子纠缠原理,是指如果量子 A 和 B 是有共同来源的两个微观量子,无论它们之间距离有多远,只要一个量子发生变化,另一个量子就会立刻发生相应变化,两个相互独立的粒子可以完全"纠缠"在一起,对其中一个粒子进行观测可以即时影响其他粒子。就算这两个粒子分别处于宇宙的两端,它们同样可以保持这种"默契"——假如量子甲随机选择左,那么量子乙一定会选择右。任何所谓的"心灵感应",都比不上量子纠缠来得深刻。量子纠缠原理被爱因斯坦称为"幽灵般的超距作用"。量子纠缠原理是量子力学中的精髓。基于量子纠缠原理,已开发出一系列经典物理学无法实现的多种技术,如量子密码、量子通信网络、量子计算、量子调控、量子模拟、量子纠缠网络等。

三、关键技术

迄今为止,量子力学中仍有很多奥秘无法解开,但量子力学的应用已经为人类带来了半个多世纪的繁荣。例如,晶体管、激光、核磁共振、核聚变等都是量子力学给人类带来的新的生产力。上述技术只是应用了量子力学基本原理的经典技术,并不是真正意义上的量子技术。量子技术,是指完全遵循量子力学基本原理和量子特性而开发的技术。目前,量子技术的重点研究领域包括量子通信、量子计算以及量子精密测量等。其中,量子通信可实现无条件安全的通信手段;量子计算具备超快的计算能力,可有效揭示复杂的物理系统规律;量子精密测量使得测量精度可超越经典测量手段的极限。

第二节 量子技术在装备保障领域的优势

量子技术作为基础性、关键性的"原生态"技术,其独特的神奇特性,也成为科学家们拓展信息技术的新领域。目前,量子技术在通信、计算和精密测量等领域的应用已经初显身手,它同样广泛应用于军事领域,通过技术重组或与其他技术融合,对现代战争形态和制胜机理产生深远影响,有可能引起战争基因的重大突变。

一、量子通信技术对装备保障的影响

量子通信技术,是利用量子纠缠效应进行信息传递的一种新型通信方式,是近20年发展起来的新型交叉学科,是量子论和信息论相结合的新的研究领域,主要涉及量子密码通信、量子远程传态、量子密集编码等,近年来已逐步从理论走向实验,并向实用化发展。

现代通信技术主要包括有线通信和无线通信两种,与量子通信技术相比,其存在的弊端主要表现在两个方面:一方面是通信内容容易被截获和窃听,另一方面是无法确保通信双方安全。同时,经典的信息加密技术面临困境,对称加密体系密码强度大,具备无条件安全性,但密码更换的传递过程存在安全隐患;非对称加密体系仅存在计算安全性,且已在理论上证明所有经典非对称密码体系都能够被量子Shor算法破解。

量子的不可分割性和不可克隆定理使得量子密钥分发具备无条件安全性,在军事装备领域中应用,其优势主要表现在:一方面可实现原理上无条件安全通信,存在窃听必然被发现,从而确保通信内容安全;另一方面其具备通信隐蔽性,可确保通信双方安全。在作战中,量子通信不仅有助于提高作战体系抗毁能力,同时也将发展为提升装备保障体系整体效能的倍增器。

目前,量子通信是面向未来的全新通信技术,在安全性方面具有经典通信无法比拟的优势,已经引起世界各国的高度重视。2014年,NASA规划完成其喷气实验室到本部之间直线距离600km的量子保密通信网络建设项目;洛斯·阿拉莫斯实验室与美国空军合作进行基于飞机平台的量子通信研究。欧洲在"基于量子密码的安全通信"工程项目上集中了40个研究组。日本通过洲际合作建成了多节点城域量子通信网络,并规划2020年开始建设全国高速量子通信网。我国制定城域、城际以及远距离量子通信网络规划,建成京沪干线,并成功实现世界首个洲际量子保密通信链路,未来将通过量子通信卫星建立全球广域量子通信网络。

二、量子计算技术对装备保障的影响

量子计算是当前的热门科学前沿,它代表了量子技术的主流方向之一,尤其是在后摩尔时代的大背景下,各国政府高度重视量子计算技术的发展,并提前布局,意图抢占先机。此外,Google、微软、英特尔、东芝以及 IBM 等公司也投入巨资开发量子计算技术潜力。

量子计算,就是利用量子叠加原理,基于量子相干性,以远超传统计算机的速度进行复杂计算的技术。其主要涉及量子模型、量子算法、量子计算机等领域。经典计算是以比特(0 或 1)作为信息处理的单元,实现串行运算模式,即一次只能处理一个数据;而量子计算的处理单元是量子比特,量子比特是 0 和 1 叠加的量子态,一次可同时处理 0 和 1,从而实现并行计算模式。量子计算可用来解决诸多大规模计算难题,包括密码分析、气象预报、药物设计、金融分析、石油勘探等领域。例如,利用万亿次经典计算机分解 300 位的大数,需要 15 万年,而利用万亿次量子计算机,只需 1s。求解一个 1024 个变量的方程组,利用"天河二号"计算机需要 100 年,而利用量子计算机,需要 0.01s。

量子计算一旦应用于军事装备领域,将全面提升信息化作战能力。一方面,量子计算可提高网络空间作战能力。量子计算最直接威胁的是现有的以数学为基础的密钥体系。强大的计算能力可对这些密钥体系形成整体颠覆,从而突破网络空间作战中的密码破译技术瓶颈,提高网络空间作战能力。另一方面,量子计算可提高作战规划能力。量子计算应用于战争指挥决策领域,将提高联合作战中大规模任务规划、资源规划等复杂问题的规划效率和规划效果,从而提高体系整体作战效能。

三、量子精密测量技术对装备保障的影响

量子精密测量,主要是通过运用量子物理学基本原理及现象实现感知、测距、计时、定位以及成像等一系列传统测量科学的功能。由于利用了量子纠缠、概率性等特点,使得量子精密测量技术可以打破现有测量体系的精度

极限,在测量精度、测量距离以及灵敏度等方面都较传统测量体系有极大的提升。目前,量子精密测量领域的研究主要集中在量子雷达、量子导航以及量子传感和量子成像等领域。

量子雷达技术是将量子信息技术引入经典雷达探测领域,解决经典雷达在探测、测量和成像等方面的技术瓶颈,以提升雷达的综合性能。其不但具有更高的灵敏度及探测精度,而且具有更强的抗干扰和抗欺骗能力,从而为隐身、小雷达散射面积(Radar Cross Section,RCS)目标的准确探测提供了一种新的有效技术途径。量子雷达的优势主要表现在:一方面,量子雷达依靠其强大的反隐身技术和极远的探测距离,将可能使得几乎所有的空中目标都逃不过量子雷达的探测,进一步颠覆现有隐身飞机的作战优势;另一方面,依据量子雷达的引导,制导武器可充分发挥作战潜能。目前,量子雷达技术虽然在工程化方面存在诸多难题,但其独有的反隐身能力和强大的探测能力,已经引起世界各国的高度重视。

量子导航技术是通过把原子冷却到绝对零度的超低温状态,在这种状态下,原子对地球的磁场和重力场特别敏感,而地球每个地方的磁场和重力场都不同,因此原子运动的距离即可用来确定具体位置。量子导航技术在军事领域中应用的优势主要表现在:一方面是导航精度高,可实现高精度自主导航;另一方面是保密性强,不易受敌方干扰。该技术使得装备对于作战环境的适应性进一步增强,同时针对星载导航系统的欺骗和干扰技术在量子导航技术面前无法发挥作用。

第三节 量子技术对装备维修保障的影响

量子技术作为一种颠覆性的前沿技术,是当前世界主要军事强国重点投入的研究领域。当前,全新的量子技术正从实验室走出,这将使传感、通信、信息处理等领域获得前所未有的跨越式发展,必须高度关注量子技术在装备维修保障上的发展运用,持续加大投入,抢占制高点。

一、极速提供装备维修保障辅助决策信息

量子计算机的主要应用领域是进行模拟运算。运用量子计算机,无须采用蒙特卡罗方法等经典算法进行多次数值计算,便可直接同时运算各种可能情况,研究复杂系统的运行规律。在军事上可以借此来研究战争行为,预测战争走向,为指挥员的决策提供帮助。

量子计算是依照量子力学理论进行的新型计算,它利用量子重叠与牵连原理而产生巨大的计算能力。量子计算机是存储及处理量子信息、运行量子算法的装置,能一次完成 $2n$ 个数据的并行处理,速度秒杀传统计算机。将量子计算应用于军事领域,可使信息处理速度得到质的飞跃。

(1) 大幅提升态势评估与决策能力。未来作战,需要指挥信息系统实时、全面、准确获取并高效处理陆、海、空、天、电、网等全维海量信息,实现战场信息的融合共享、快速分发。将量子计算应用于指挥信息系统,可以实现对战场装备战情况、受损程度、装备状态等海量信息进行"神速"处理,并对战场保障态势做出实时评估,从而第一时间为指挥员决策提供依据。例如,在作战中,我方侦察系统探测到敌方来袭大量战机时,运用量子计算机可在极短的时间内计算敌机所有可能的飞行路线和攻击方式,并选择做出最佳防卫措施。

(2) 始终掌握维修保障信息安全主动。未来战争是高度信息化的战争,各种数据充斥着整个战场空间。这些数据一般都是经过加密的。量子计算机的出现,可以打破现有的密码安全体系,在瞬间(秒量级)破解现在几乎无法暴力破解的密码,现有的所有密码防护手段对量子计算机形同虚设。目前的密码大都采用单项数学函数的方式,应用了因数分解或其他复杂的数学原理。因为要计算两个大质数的乘积很容易,但要将乘积分解回质数却极为困难,这就使得密码很难被破解。然而,利用量子计算的并行性可以快速分解出大数的质因子,从而整体颠覆了现有的以数学为基础的密码体系。量子计算使传统密码的破解时间大幅缩短,如采用传统计算机破解一

个密码可能需要10年,而运用量子计算机则只需要几天甚至更短,这对于夺取战场信息主动权具有极其重要的意义。2015年8月19日,美国国家安全局发表的通告要求所有采用type-B级密码的政府部门(包括美联储等)更换更高等级、能抵抗量子破译的密码,这说明其可能已经掌握了利用量子计算机破解现有密码的技术。

二、高速海量传输处理装备维修保障信息

量子通信颠覆了传统的信息传输方式,将其应用于要求严苛的军事通信领域,可使信息传输水平得到质的提高。可以实现维修保障信息的快速传递和分发,未来作战参战装备力量多元,装备种类多,科技含量高,同时,精确火力打击应用普遍,弹药杀伤威力巨大、"发现即摧毁"是其最显著的特点,这就要求参战装备状态信息和战场抢救抢修信息能够快速传递及分发。将量子通信用于实战,利用其隐形传态特性,可以实现保障信息的瞬间传递,真正做到侦察情报系统、指挥控制系统和武器装备平台的无缝链接,从而极大提高保障效能。具体做法是:将由一个源产生的两个相互纠缠的粒子分发到军事信息通信的双方,其中一方对粒子做量子态测量,在该粒子的量子态确定的同时,通信另一方的粒子会产生感应,量子态立刻变为被测量粒子的量子态,从而实现军事信息的传输。同时,量子密码具有不可复制性,即使被敌方截取,也会因此改变量子状态,从而使敌方截取的信息失去价值,这就使得量子密码拥有绝对的安全性。量子密码的这种特性迎合了军事通信安全保密的要求,使其从一开始就注定了将在军事领域发挥重要作用,可将量子加密设备与现有光纤通信设备融合使用,以改进目前军用光纤网的信息传输保密性,从而提高信息防护和处理能力。

三、提高装备反侦察和防精确打击能力

量子精密测量技术的量子雷达是基于量子纠缠效应,将量子信息调制到雷达信号中,从而实现目标探测的一种设备。量子雷达将量子信息技术

引入经典雷达探测领域,解决经典雷达在探测、测量和成像等方面的技术瓶颈,增强雷达对目标的检测性能,提高测距、测角分辨率和成像分辨率。与传统雷达相比,量子雷达除了具有体积小、功耗低、抗干扰、能力强、探测距离远、探测精度高、易于成像和不易被敌方电子侦察设备发现等优势,尤其在防欺骗、反隐身等方面具有较强的能力。

运用量子雷达技术,可提高装备反侦察和防精确打击能力。未来作战,参战装备可能面临敌侦察监视和精确打击威胁。敌方为了提高对我侦察和打击的有效性极有可能派遣具有隐身能力的侦察飞机与战斗机对我实施侦察和精确打击,传统雷达对隐身目标的探测无能为力,而量子雷达的灵敏度很高,能轻易地探测到隐身目标,而且几乎不可被干扰。将量子雷达应用于未来战场,以隐身飞机为代表的各类隐身目标将无处藏身。另外,基于量子力学原理,除量子雷达的收发装置外,其他任何平台都无法秘密地改变纠缠量子的量子态,现有的任何电子战措施都无法对量子雷达进行欺骗,从而杜绝了雷达信号被敌方截获并篡改的可能性,可大大增强参战装备反侦察、防精确打击的能力,从而降低参战装备战损。

四、推进无人智能装备战场生存能力

全时域、全空域的无缝定位导航是未来定位导航技术的发展方向。人们将量子力学与传统惯性导航技术相结合,提出了量子导航技术。量子导航在继承传统惯性导航优势的基础上,使导航精度有了质的飞跃,而且无须依赖卫星就能提供全时域、全空域无缝定位导航能力,可以在宇宙空间任意地点导航,将量子导航技术应用于武器平台上,极大提高了武器装备平台的作战效能。

量子导航除了具有精度高、无须接入导航卫星网络的特点,还具有不受外界环境干扰的先天优势,将其用于无人机,可大幅提高无人机的整体作战能力。一方面,可提高无人机整体性能。无人机装载量子导航系统后,将使其时间、姿态、速度、位置等定位导航信息精度得到进一步提高。由于导航信息是无人机各分系统的基准,无人机的探测精度、指控准确性以及组网通信的性能均会随之大幅提升。另一方面,可提高无人机战场生存能力。目前,无人机作战大多以卫星导航为主,由于卫星导航定位系统易受干扰和破坏的天然缺陷,战场上无人机的生存能力很弱。无人机采用量子导航技术,对于作战环境的适应性将进一步加强,在复杂地形、复杂气候、复杂电磁环境下的生存能力将大大增强。

第十二章　新材料技术及其装备维修保障应用

新材料技术一直是世界各国科技发展规划之中一个十分重要的领域,它与信息技术、生物技术、能源技术一起,被公认为是当今社会及今后相当长时间内总揽人类全局的高技术。新材料一直以来都是科技行业发展突飞猛进的重要推动力,而国防工业往往是新材料技术成果的优先使用者,新材料技术的研究和开发对国防工业与武器装备的发展起着决定性的作用,新材料技术既是支撑当今人类文明的现代工业关键技术,也是一个国家国防力量最重要的物质基础。

第一节　新材料技术综述

随着科学技术的发展,人们在传统材料的基础上,根据现代科技的研究成果,开发出新材料。21世纪科技发展的主要方向之一是新材料的研制和应用,新材料的研究是人类对物质性质认识和应用向更深层次的进军。

一、基本概念

新材料是相对于传统材料而言的,两者之间没有截然的分界。新材料,又称先进材料(Advanced Materials),是指新近研究成功的和正在研制中的具有优异特性与功能,能满足高新技术需求的新型材料,具有比传统材料更为优异的性能。

新材料技术是按照人的意志,通过物理研究、材料设计、材料加工、试验评价等一系列研究过程,创造出能满足各种需要的新型材料的技术。现代意义上的新材料涵盖广泛,按材料的属性划分,有金属材料、无机非金属材料(如陶瓷、砷化镓半导体等)、有机高分子材料、先进复合材料四大类。按材料的使用性能划分,有结构材料和功能材料。结构材料主要是利用材料的力学和理化性能,以满足高强度、高刚度、高硬度、耐高温、耐磨、耐蚀、抗辐照等性能要求。功能材料主要是利用材料具有的电、磁、声、光热等效应,以实现某种功能,如半导体材料、磁性材料、光敏材料、热敏材料、隐身材料和制造原子弹、氢弹的核材料等。新材料技术被称为"发明之母"和"产业粮食"。

二、主要特征

新材料技术的主要特征包括以下几点:

(1) 成分新。在一种物质中加入新的成分会形成一种性能优异的全新物质。2017年8月,北京科技大学、香港大学、台湾大学联合研制出一款超级钢,屈服强度达到世界最强2200MPa,超级钢就是对普通钢材的成分进行革新,加入了新的成分。

(2) 结构新。除了革新成分可以产生新材料,对材料的原有结构进行改变,也能产生性能优异的新材料。微格金属就是一种改变结构的新材料,它是一种轻质镍合金。通过工艺将紧实致密的金属材料处理成蜂窝一样的空心结构,使其内部99.99%的部分都是空气,比泡沫塑料还要轻100倍,而且非常坚硬,压缩50%之后还能完全恢复,能吸收大量的能量,既轻又强。

(3) 应用新。对传统材料的创新性运用就是应用新。著名华人科学家高锟发明光纤就是对玻璃这种材料的创新性应用,将光纤用于通信引发了通信技术的一次革命,在光纤发明之前,远距离通信传输依靠铜导线,铜的价格昂贵,传输效率不高。相比之下,光纤的传输速度更快,效率更高。

三、主要类别

(一) 复合新材料

复合新材料使用的历史可以追溯到古代。从古至今沿用的稻草增强黏土和已使用上百年的钢筋混凝土均由两种材料复合而成。20世纪40年代,因航空工业的需要,发展了玻璃纤维增强塑料(俗称玻璃钢),从此出现了复合材料这一名称。20世纪50年代以后,陆续发展了碳纤维、石墨纤维和硼纤维等高强度与高模量纤维。20世纪70年代出现了芳纶纤维和碳化硅纤维。这些高强度、高模量纤维能与合成树脂、碳、石墨、陶瓷、橡胶等非金属基体或铝、镁、钛等金属基体复合，构成各具特色的复合材料。超高分子量聚乙烯纤维的比强度在各种纤维中位居第一，尤其是它的抗化学试剂侵蚀性能和抗老化性能优良。它还具有优良的高频声纳透过性和耐海水腐蚀性，许多国家已用它来制造舰艇的高频声纳导流罩，大大提高了舰艇的探雷、扫雷能力，在国内思嘉新材料开发的复合新材料代表了国内的较高水平。除了军事领域，在汽车制造、船舶制造、医疗器械、体育运动器材等领域超高分子量聚乙烯纤维也有广阔的应用前景。该纤维一经问世就引起了世界发达国家的极大兴趣和重视。

（二）超导材料

有些材料当温度下降至某一临界温度时，其电阻完全消失，这种现象称为超导电性，具有这种现象的材料称为超导材料。超导体的另外一个特征是：当电阻消失时，磁感应线将不能通过超导体，这种现象称为抗磁性。一般金属（如铜）的电阻率随温度的下降而逐渐减小，当温度接近于0K时，其电阻达到某一值。而1919年荷兰科学家昂内斯用液氦冷却水银，当温度下降到4.2K（即-269℃）时，发现水银的电阻完全消失，超导电性和抗磁性是超导体的两个重要特性。使超导体电阻为零的温度称为临界温度（Critical Temperature，TC）。超导材料研究的难题是突破"温度障碍"，即寻找高温超导材料。

以 $NbTi$、Nb_3Sn 为代表的实用超导材料已实现了商品化，在核磁共振成像（Nuclear Magnetic Resonance Imaging，NMRI）、超导磁体及大型加速器磁体等多个领域获得了应用；SQUID作为超导体弱电应用的典范已在微弱电磁信号测量方面起到了重要作用，其灵敏度是其他任何非超导的装置无法达到的。但是，由于常规低温超导体的临界温度太低，必须在昂贵复杂的液氦（4.2K）系统中使用，因而严重地限制了低温超导应用的发展。

高温氧化物超导体的出现，突破了温度壁垒，把超导应用温度从液氦（4.2K）提高到液氮（77K）温区。同液氦相比，液氮是一种非常经济的冷媒，并且具有较高的热容量，给工程应用带来了极大的方便。另外，高温超导体都具有相当高的磁性能,能够用来产生20T以上的强磁场。

超导材料最诱人的应用是发电、输电和储能。利用超导材料制作超导发电机的线圈磁体,可将发电机的磁感应强度提高到5~6T,而且几乎没有能量损失,与常规发电机相比,超导发电机的单机容量提高5~10倍,发电效率提高50%;超导输电线和超导变压器可以把电力几乎无损耗地输送给用户,据统计,铜或铝导线输电,约有15%的电能损耗在输电线上,在中国每年的电力损失达1000多亿度,若改为超导输电,节省的电能相当于新建数十个大型发电厂;超导磁悬浮列车的工作原理是利用超导材料的抗磁性,将超导材料置于永久磁体(或磁场)的上方,由于超导的抗磁性,磁体的磁力线不能穿过超导体,磁体(或磁场)和超导体之间会产生排斥力,使超导体悬浮在上方。利用这种磁悬浮效应可以制作高速超导磁悬浮列车,如上海浦东国际机场的高速列车;用于超导计算机,高速计算机要求在集成电路芯片上的元件和连接线密集排列,但密集排列的电路在工作时会产生大量的热量,若利用电阻接近零的超导材料制作连接线或超微发热的超导器件,则不存在散热问题,可使计算机的速度大大提高。

(三)能源材料

能源材料主要有太阳能电池材料、储氢材料、固体氧化物电池材料等。太阳能电池材料是新能源材料,IBM公司研制的多层复合太阳能电池,转换率高达40%。

氢是无污染、高效的理想能源,氢的利用关键是氢的储存与运输,美国能源部在全部氢能研究经费中,大约有50%用于储氢技术。氢对一般材料会产生腐蚀,造成氢脆及其渗漏,在运输中也易爆炸,储氢材料的储氢方式是能与氢结合形成氢化物,当需要时加热放氢,放完后又可以继续充氢的材料。储氢材料多为金属化合物,如$LaNi_5H$、$Ti1.2Mn1.6H3$等。

固体氧化物燃料电池的研究十分活跃,关键是电池材料,如固体电解质薄膜和电池阴极材料,还有质子交换膜型燃料电池用的有机质子交换膜等。

(四)智能材料

智能材料是继天然材料、合成高分子材料、人工设计材料之后的第四代材料,是现代高技术新材料发展的重要方向之一。国外在智能材料的研发方面取得很多技术突破,如英国宇航公司的导线传感器,用于测试飞机蒙皮上的应变与温度情况;英国开发出一种快速反应形状记忆合金,寿命期具有百万次循环,且输出功率高,以它作制动器时,反应时间仅为10min;形状记忆合金还已成功应用于卫星天线等、医学等领域。另外,还有压电材料、磁致伸缩材料、导电高分子材料、电流变液和磁流变液等智能材料驱动组件材料等功能材料。

(五) 磁性材料

磁性材料可分为软磁材料和永磁材料(硬磁材料)两类。

(1) 软磁材料。软磁材料是指那些易于磁化并可反复磁化的材料,但当磁场去除后,磁性即随之消失。这类材料的特性标志是:磁导率($\mu = B/H$)高,即在磁场中很容易被磁化,并很快达到高的磁化强度;但当磁场消失时,其剩磁很小。这种材料在电子技术中广泛应用于高频技术,如磁芯、磁头、存储器磁芯;在强电技术中可用于制作变压器、开关继电器等。常用的软磁体有铁硅合金、铁镍合金和非晶金属等。

Fe – (3% ~ 4%) Si 是最常用的软磁材料,常用作低频变压器、电动机及发电机的铁芯;铁镍合金的性能比铁硅合金好,典型代表材料为坡莫合金(Permalloy),其成分为 79% Ni – 21% Fe,坡莫合金具有高的磁导率(磁导率 μ 为铁硅合金的 10~20 倍)、低的损耗;并且在弱磁场中具有高的磁导率和低的矫顽力,广泛用于电讯工业、电子计算机和控制系统方面,是重要的电子材料;非晶金属(金属玻璃)与一般金属的不同点是其结构为非晶体。它们是由 Fe、Co、Ni 及半金属元素 B、Si 所组成的,其生产工艺要点是采用极快的速度使金属液冷却,使固态金属获得原子无规则排列的非晶体结构。非晶金属具有非常优良的磁性能,它们已用于低能耗的变压器、磁性传感器、记录磁头等。另外,有的非晶金属具有优良的耐蚀性,有的还具有强度高、韧性好的特点。

(2) 永磁材料(硬磁材料)。永磁材料经磁化后,去除外磁场仍保留磁性,其性能特点是具有高的剩磁、高的矫顽力。利用此特性可制造永久磁铁,可把它作为磁源,如常见的指南针、仪表、微电机、电动机、录音机、电话及医疗等方面。永磁材料包括铁氧体和金属永磁材料两类。

铁氧体的用量大、应用广泛、价格低,但磁性能一般,用于一般要求的永磁体。

金属永磁材料中,最早使用的是高碳钢,但磁性能较差。高性能永磁材料的品种有铝镍钴(Al-Ni-Co)和铁铬钴(Fe-Cr-Co);稀土永磁,如较早的稀土钴(Re-Co)合金(主要品种有利用粉末冶金技术制成的 $SmCo_5$ 和 Sm_2Co_{17})广泛采用的钕铁硼(Nd-Fe-B)稀土永磁,钕铁硼磁体不仅性能优良,而且不含稀缺元素钴,所以成为高性能永磁材料的代表,已用于高性能扬声器、电子水表、核磁共振仪、微电机、汽车启动电机等。

(六)纳米材料

纳米本是一个尺度,纳米科学技术是一个融科学前沿的高技术于一体的完整体系,它的基本含义是在纳米尺寸范围内认识和改造自然,通过直接操作和安排原子、分子创新物质。纳米科技主要包括纳米体系物理学、纳米化学、纳米材料学、纳米生物学、纳米电子学、纳米加工学、纳米力学 7 个方面。

纳米材料是纳米科技领域中最富活力、研究内涵十分丰富的科学分支。用纳米来命名材料是 20 世纪 80 年代,纳米材料是指由纳米颗粒构成的固体材料,其中纳米颗粒的尺寸最多不超过 100nm。纳米材料的制备与合成技术是当前主要的研究方向,虽然在样品的合成上取得了一些进展,但至今仍不能制备出大量的块状样品,因此研究纳米材料的制备对其应用起着至关重要的作用。

1. 纳米材料的性能

(1)物化性能。纳米颗粒的熔点和晶化温度比常规粉末低得多,这是由于纳米颗粒的表面能高、活性大,熔化时消耗的能量少,如一般铅的熔点为 600K,而 20nm 的铅微粒熔点低于 288K;纳米金属微粒在低温下呈现电绝缘性;纳米微粒具有极强的吸光性,因此各种纳米微粒粉末几乎都呈黑色;纳米材料具有奇异的磁性,主要表现在不同粒径的纳米微粒具有不同的磁性能,当微粒的尺寸大于某一临界尺寸时,呈现出高的矫顽力,而小于某一尺寸时,矫顽力很小。例如,粒径为 85nm 的镍粒,矫顽力很高,而粒径小于

15nm 的镍微粒矫顽力接近于零;纳米颗粒具有大的比表面积,其表面化学活性远大于正常粉末,因此原来化学惰性的金属铂制成纳米微粒(铂黑)后变为活性极好的催化剂。

(2)扩散及烧结性能。纳米结构材料的扩散率是普通状态下晶格扩散率的 1014~1020 倍,是晶界扩散率的 102~104 倍,因此纳米结构材料可以在较低的温度下进行有效的掺杂,可以在较低的温度下使不混溶金属形成新的合金相。扩散能力提高的另一个结果是可以使纳米结构材料的烧结温度大大降低,因此在较低温度下烧结就能达到致密化的目的。

(3)力学性能。纳米材料与普通材料相比,力学性能有显著的变化,一些材料的强度和硬度成倍地提高;纳米材料还表现出超塑性状态,即断裂前产生很大的伸长量。

2. 纳米材料的应用

(1)纳米金属:如纳米铁材料,是由 6nm 的铁晶体压制而成的,较之普通铁强度提高 12 倍,硬度提高 2~3 个数量级,利用纳米铁材料,可以制造出高强度和高韧性的特殊钢材。对于高熔点难成形的金属,只要将其加工成纳米粉末,即可在较低的温度下将其熔化,制成耐高温的元件,用于研制新一代高速发动机中承受超高温的材料。

(2)"纳米球"润滑剂:全称"原子自组装纳米球固体润滑剂",是具有 20 面体原子团簇结构的铝基合金成分并采用独特的纳米制备工艺加工而成的纳米级润滑剂。采用高速气流粉碎技术,精确控制添加剂的颗粒粒度,可在摩擦表面形成新表面,对机车发动机产生修复作用。其成分设计及制备工艺具有创新性,填补了润滑油合金基添加剂的空白技术。在机车发动机加入纳米球,可以起到节省燃油、修复磨损表面、增强机车动力、降低噪声、减少污染物排放、保护环境的作用。

(3)纳米陶瓷:首先利用纳米粉末可使陶瓷的烧结温度下降,简化生产工艺。同时,纳米陶瓷具有良好的塑性甚至超塑性,解决了普通陶瓷韧性不足的弱点,大大拓展了陶瓷的应用领域。

(4)纳米碳管:直径只有 1.4nm,仅为计算机微处理器芯片上最细电路线宽的 1%,其质量是同体积钢的 1/6,强度却是钢的 100 倍,纳米碳管将成为未来高能纤维的首选材料,并广泛用于制造超微导线、开关及纳米级电子线路。

（5）纳米催化剂:由于纳米材料的表面积大大增加,而且表面结构发生很大变化,使表面活性增强,所以可将纳米材料用作催化剂,如超细的硼粉、高铬酸铵粉可作为炸药的有效催化剂;超细的铂粉、碳化钨粉是高效的氢化催化剂;超细的银粉可为乙烯氧化的催化剂;用超细的Fe_3O_4微粒做催化剂可在低温下将CO_2分解为碳和水;在火箭燃料中添加少量的镍粉能成倍地提高燃烧的效率。

（6）量子元件:制造量子元件,首先要开发量子箱。量子箱是直径约10nm的微小构造,当把电子关在这样的箱子里,就会因量子效应使电子有异乎寻常的表现,利用这一现象可制成量子元件,量子元件主要是通过控制电子波动的相位来进行工作的,从而能够实现更高的响应速度和更低的电力消耗。另外,量子元件还可使元件的体积大大缩小,使电路大为简化,因此,量子元件的兴起将导致一场电子技术革命。人们期待着利用量子元件在21世纪制造出16GB(吉字节)的动态随机存取存储器(Dynamic Random Access Memory,DRAM),这样的存储器芯片足以存放10亿个汉字的信息。

中国已经研制出一种用纳米技术制造的乳化剂,以一定比例加入汽油后,可使普通轿车降低10%左右的耗油量;纳米材料在室温条件下具有优异的储氢能力,在室温常压下,约2/3的氢能可从这些纳米材料中得以释放,不用昂贵的超低温液氢储存装置。

第二节 新材料技术在军事装备保障领域的优势

材料是制造各类武器装备、器材、设施等的基础,材料对战争的影响主要表现在新材料产生新装备,新装备催生新战法,新战法产生新的战争形态。新材料在军事装备保障领域的影响也极大,如超纯硅、砷化镓研制成功,导致大规模和超大规模集成电路的诞生,使计算机运算速度从每秒几十万次提高到每秒百亿次以上,大幅提升了装备保障信息化程度;航空发动机材料的工作温度每提高100℃,推力可增大24%;隐身材料能吸收电磁波或降低武器装备的红外辐射,使敌方探测系统难以发现等。新材料在军事装备保障领域上的特点和优势,集中体现在毁伤力、防护力、机动力、信息力和保障力5个方面。

一、增强毁伤力

增强毁伤力包括以下几个方面:

(1) 以硬碰硬。以硬碰硬就是以强大的动能摧毁敌方。以坦克的穿甲材料为例,穿甲的原理就是将密度很高、硬度很高的战斗部以高速攻击敌方的防护,以强大的动能击穿敌人的防护后,以高速金属流杀伤敌人。材质要求越硬越好,密度越大越好。美军用的是贫铀弹,我军则是钨芯弹,都是硬度很高很致密的材料。现在正在研究一种新型的穿甲材料——金属玻璃,兼具玻璃、金属、固体和液体的特征,强度非常大,将金属玻璃与钨复合做成穿甲弹头,除了致密和硬度高,还具有自锐效应,是一种非常理想的穿甲材料。

(2) 以强攻强。以强攻强是采用超高含能物质直接作为武器战斗部,击中敌人后发生化学反应,瞬间释放出巨大的能量,做到玉石俱焚。超高含能材料的能量比常规制式炸药至少高一个数量级,其爆炸威力在3倍TNT当量以上,主要包括高活性金属材料、全氮材料、金属氢3类。

二、增强防护力

(一) 装备防护

现代坦克防护为复合装甲,采用三层结构:最外层是合金钢,中间层是陶瓷,最里面一层是树脂复合材料。装甲材料的重点是陶瓷材料,强调三高一低,即高硬度、高强度、高韧性和低密度。复合装甲材料有一个缺点,不能抗二次打击,二次打击就没有防护能力了。

未来的防护材料朝着质量越来越轻、强度越来越大的方向发展。现在研发出了一种材料:LINE-X涂层,任何东西涂上它之后,都可刀枪不入,涂了这种涂材之后,霰弹枪都不能击穿。在一次性杯子上涂了这种涂料后,可以承受一个人的重量。

除了抗打击能力,隐身能力也是一种防护能力。隐身包括雷达隐身、光学隐身、红外隐身和声隐身等。雷达隐身是靠材料来吸收雷达波,减少或消除武器装备在雷达屏幕上的反射面积。我国研制的隐身超材料兼具宽频段雷达隐身和红外隐身特点。超材料是颠覆物理学"右手定则"的材料。电磁学里有一个经典的定理"右手定则":以右手握住电线,大拇指所指方向为电流通过方向,右手另外4个手指握向的方向则为磁力线方向,而超材料则呈现出与之相反的负折射率关系,使其具备了自由调控电磁波的能力,所以能实现隐身。

光学隐身对装备和人员都适用,其关键点在于操纵光线。将镜子或透镜等现成材料巧妙摆放就可以操纵光线,实现隐身。红外隐身材料通过降低或改变目标的红外辐射特征实现红外隐身。声隐身技术通过控制舰船的声频特性来降低敌方系统的探测距离和精度。

（二）人员防护

对单兵防护材料的要求是质量轻、强度大。现在用的单兵防护用的材料主要是凯夫拉材料,学名称为芳纶。防弹衣分软式和硬式两种,软式防弹衣轻便但防护性能稍差,硬式防弹衣要在里面插陶瓷板或合金板,防护性能好,但是重量较重,严重影响束缚士兵的机动。常用的既强又轻的防护材料:第一种是液体防弹衣。液体防弹衣主要利用的是剪切增稠原理。按照这个原理将凯夫拉纤维浸在悬液中,外面再封上凯夫拉材料,就获得了需要的液体防弹衣,防护性能非常强大,比传统用凯夫拉材料层层叠加的防弹衣厚度要减轻45%,防弹性能提高30%左右。第二种是仿生结构的防护材料,负泊松比头盔就是仿的柚子皮结构。负泊松比材料被拉伸时,在垂直于施加力的方向上会变厚,而不是像传统材料一样变薄,又称拉胀材料。负泊松比材料是一种多孔结构的材料,能吸收大量的能量,用这种材料做出来的头盔,质量既轻,防护能力又强。人员方面也有可见光隐身和红外隐身技术,狙击手穿的伪装服就有红外隐身的效果,缺点是重量太大,不适合装备普通步兵。

（三）设施防护

海湾战争以后的几场局部战争,让我们见识了美军钻地炸弹的威力,对这样的武器,该怎样有效防护?我国科技人员研发出一种新型防护材料,解决了工程防护领域的世界性难题。这种材料主要成分是由高强细晶粒钢筋和纤维增强水泥组成,防护能力达到了普通钢筋混凝土的10多倍。这种材料在常温下施工,成本与普通钢筋混凝土工事相比并无明显提高,可以大规模普及应用。另外,在应急处突环境条件下,要发展刚柔结合防护材料,实现"灵活组合,快速展开"的敏捷化。

三、增强机动力

(一)动力更强

动力更强主要通过提升发动机的功率来实现。航空发动机对材料的要求在各类武器装备中是最高的。航空发动机的推力和重量的比值称为推重比,推重比是衡量发动机先进程度最重要的指标,主要取决于制造涡轮的高温合金的质量。美军F110涡轮叶片的服役温度为1030℃,F119涡轮叶片的服役温度为1070℃,温度提高了40℃,功率增加了30%~40%,在一定范围内,温度每提高10℃,功率提高10%。

(二)续航更持久

续航更持久主要靠增加装备的能源储备来解决。以海军常规潜艇为例,我军潜艇使用的能源是柴油发电机配合铅酸电池,电池能量密度不高,续航能力有限,每隔几天要浮上来用柴油机发电给电池充电,也不利于潜艇的隐蔽。采用氢燃料电池的不依赖空气推进技术(Air Independent Propulsion,AIP)系统就可以很好地解决这个问题。

氢是一种未来的理想能源,无污染,能量密度高,资源丰富。但氢气是易燃气体,储存和运输很不方便,常用的高压储氢,非常不安全。安全、高效的储氢方法是氢能规模化利用的瓶颈,可以利用材料技术解决这一问题。储氢合金具有很强的捕捉氢的能力,在一定的温度和压力条件下,使氢分解成单个的原子,与合金进行化学反应生成金属氢化物。当加热这些金属氢化物时,它们又会发生分解反应,氢原子结合成氢分子释放出来。储氢合金原子之间的距离比氢气分子之间的距离小得多,储氢合金储氢能力是相同温度和压力条件下储氢钢瓶的1000倍。一旦解决了可靠性问题,能够大批量生产了,就能将储氢合金应用于燃料电池上,给各种军用装备提供源源不断的能源。

(三) 结构更轻

结构更轻就是减轻装备的质量。碳纤维复合材料是一种既轻又强的材料,可以大幅降低武器装备的结构重量。碳纤维非常纤细,比头发丝还要细得多,密度很小,不到钢的1/4,以强韧著称,拉伸强度是钢的5~7倍,具有"外柔内刚"的特点,而且耐高温。由碳纤维和树脂材料结合的复合材料,具有非常高的强度,而且耐高温、耐腐蚀、密度小,性能非常优越,使用范围涵盖了从军工到日常生活中的方方面面。因为既强又轻,碳纤维复合材料在武器平台中所占用量比例越来越大,但碳纤维材料有一个致命弱点,就是抗冲击性差,所以武器装备上所用的碳纤维材料一定要和钛合金、铝合金等轻质合金材料结合使用。

四、增强信息力

(一) 算得更快

信息力的范畴非常大,其可分为信息感知、信息处理、信息存储、信息融合、信息传输、信息显示等诸多环节。用于信息处理的芯片就是由硅制作的;信息传输的光纤材料是二氧化硅;信息存储的主要是磁性材料;信息显示则包括各类显示材料。信息力并不由某一种材料单独决定,不同种的材料和制造工艺共同促进了信息力水平的提升。

我们这个时代被称为硅时代,硅承载了所有处理信息的能力,过去几十年里,这种处理能力持续快速发展,晶体管越做越小,芯片的集成能力已近极限,有哪种材料能接棒硅材料,使信息时代保持快速发展呢?答案就是石墨烯。石墨烯是单层的石墨,其结构稳定,强度很大。石墨烯有很多优良的性能,除了结构稳定、强度很大,导电和导热性能非常优越,几乎完全透明。石墨烯的结构非常致密,有很好的不透气性和不透水性。如此多的优良特性注定了石墨烯的应用领域非常广泛:可以制作柔性显示屏;制作防弹材料;制作高能量电池;还可以提高战术导弹的命中精度和抗干扰能力。虽然石墨烯集万千优良性能于一身,但主要的定位还是信息处理材料。用石墨烯制造的芯片,其处理速度可提高百万倍,能制造出超级计算机。目前,石墨烯是业界公认的最有可能取代硅材料并使摩尔定律继续延续下去的材料。石墨烯已成为各国战略布局新材料的必争之地,国内外对石墨烯的研究很深入,但仍有一些问题未解决:石墨烯如何处理0和1的问题还有待解决;虽然具有良好的导电性,但单层石墨烯只有0.335nm厚,通过的电流太弱,如果多层叠加又不是石墨烯了;通过各种工艺手段制备出的石墨烯在质量、成本和产量等方面还存在诸多问题,不具备大规模工业化生产的技术能力;很多研究还停留在实验室阶段。在这些问题都解决之后石墨烯的应用前景将非常广阔。

(二) 看得更远

海湾战争中,美军的M1坦克能击中4000m外的目标,伊军的T-72坦克在相同条件下的攻击距离不超过2000m。其秘诀就在于美军的坦克安装了掺有稀土的激光测距机,而T-72安装的只是普通的激光测距机。稀土是元素周期表中一系列元素的统称,共有17种。这些元素的原子结构相似,离子半径相近,在自然界密切共生,所以将其归为一类。稀土元素神奇的功能主要在于其具有特殊的电子结构,赋予了稀土及其化合物独特的电、光、磁、热等性能。因其广泛应用于各个领域,稀土材料被称为高新技术的"维生素",又被称为"新材料之母"。

氮化镓、碳化硅是两种成熟的新型信息材料,具有热导率大、抗辐射能力强等特点,正成为有源相控阵雷达、军事通信系统、电子战等军用武器系统的核心部件,能有效提高识别能力,提升电子信息装备性能。例如,氮化镓制作的有源相控阵雷达的T/R组件功率很高,可提高雷达的探测距离和分辨率。碳化硅材料参与制作的军用电子元器件能耐高温、体积更小,重量更轻、性能更强,在两三百摄氏度的温度下照样能正常运转。

五、增强保障力

(一) 装备保障

装备的日常维护是一项比较烦琐的工作,以海军舰船为例,由于长期泡在海水中,十分容易被腐蚀,要经常刷防锈漆。超疏水材料模仿荷叶的微观结构,阻断了海水与金属材质的接触,能防止船舶锈蚀,大大减轻保养工作量。另外,具有自我修复功能的智能材料,可将外部信息变成电信号,传输到信息处理单元进行处理和判断,实现自我探测和自我修复,能极大减轻维修保障工作的工作量。

(二) 人员保障

人员保障方面最基本的要求是吃得饱,穿得暖。对保暖材料的要求,是保暖轻便。能不能找到一种既特别保暖又特别轻便的材料呢?其实这种材料早就被发明出来了,它就是气凝胶,是最轻的固体,最好的隔热材料,也是最保温的材料。气凝胶的隔热效果惊人,但气凝胶脆弱易碎且价格昂贵制约了它的大规模应用。目前,正在研发具有弹性的可弯折气凝胶,如果研制成功,能够大规模量产,就能够把价格降下来,那么就可以制造出世界上最轻便最保暖的军用棉服,使我军在高寒地区的作战能力大大提高。

(三) 设施保障

我国的利益拓展到哪儿,战场建设就要跟到哪儿。在远离后方的前线,构建国防工事是一件很艰苦的工作。我们可以发展"就地取材"构筑材料,实现远离后方设施的便捷构筑。我们国家在南海填海造岛的活动让国人大为振奋,这就是一种"就地取材"的技术。另外,还可利用沙漠中的沙子构建工事,实现远离后方设施的便捷构筑。我们国家还在南海的一些岛礁上采取了"自然生长"技术,用珊瑚的自然生长实现岛礁加固,这项技术已经在南海的琼台礁上实现了。

对于前线的国防工事,后期的维护也特别费力,能不能找到一种材料,让这些工事稍有损坏时就能够自我修复呢?那就是在混凝土中掺入巴氏芽孢杆菌以及这种杆菌会吃的乳酸钙。这些杆菌平常处于蛰伏状态,如果混凝土出现裂隙,这些杆菌就会重获自由,遇到水便会醒来,开始寻找食物。它们吃掉乳酸钙后分泌方解石,并且不停地生长和繁殖,分泌的方解石就会把裂隙填满,能实现国防工事的自我修复。

第三节 新材料技术对装备维修保障的影响

一、性能恢复向多功能拓展

当前,新材料由原来的单一功能向多功能的方向发展。例如,战斗机上大量采用的复合材料,既能减轻机体的重量,又能起到吸收雷达波的作用。同样,多种材料结合促成某种功能的实现,如歼-20飞机上的复合材料、隐身涂料和飞机的外形设计共同促成了飞机的隐身性能。对装备维修保障而言,必须适应新材料的多功能性,单纯的恢复机械性能已不能满足装备保障的需要,必须既能满足机械性能的恢复,又能满足隐性功能的复原。

二、维修材料由选择向设计延伸

材料是国防的物质基础,所有的军事装备、器材和设施都是由材料组成,传统制造领域选用材料的方法为试错法,一种材料不行就换另一种材料。随着时代的发展,依靠传统生产方法开发的材料很多已不能满足军用材料小批量、高性能、多品种的需求,取而代之的是从微观层次构建新材料的方法。采用计算材料技术,通过控制材料的微观结构定制具备所需性能的独特材料,需要什么功能都可以设计出来,超材料就是设计出来的。另外,新材料的发展也呈现出多学科交叉的特征。信息技术、纳米技术、生物技术和自组装技术之间的交叉融合,综合利用现代科学技术的最新成就,产生了可编程的智能材料等材料研究新领域。

三、材料研究由宏观向微观转型

现代战争的胜负更多地是由先进装备来决定的,而先进装备必须由先进材料来支持,研究与应用新材料,是将来取得作战胜利的关键因素之一。在材料世界中,肉眼看不见的微观世界若有变化,则在常规尺度之中,物质行为也会跟着变化。随着技术的进步,位于原子、分子级别的底部空间逐渐被打开。许多常用材料处于纳米级尺寸时会表现出独特的"原子级"特性,如量子尺寸效应、表面效应、小尺寸效应、量子隧道效应等。目前,纳米尺度的材料研究方兴未艾,石墨烯、超高含能纳米铝粉等都是典型的纳米材料。装备维修保障必须适应这种变化,加强对材料性能恢复的研究,必然由一般物理层面上的宏观研究,向分子、原子层面的微观研究转型。

四、由减材制造向增材制造发展

制造业是材料最主要的应用之一。一直以来的做法都是减材制造,而增材制造反其道而行之,通过一层层增加材料最终形成我们需要的装备或零部件,使得制造更加方便快捷。增材制造就是俗称的3D打印,其原理如同喷墨打印机一样,都是程序控制喷头喷出所需要的东西,只不过3D打印喷出来的不是墨水而是材料粉末。3D打印不仅将改变未来的战场保障模式,而且将从根本上改变制造业的模式。未来作战战场情况复杂激烈,对装备维修器材配件前送时效性要求高,而增材制造技术可以较好地解决这个问题,运用3D打印机可以在战场空间及时打印急需器材配件,满足战时装备维修保障需要。

第十三章　新能源技术及其装备维修保障应用

能源是现代社会和国民经济发展的动力源泉，也是现代战争不可或缺的战略物资。长期以来，经济社会发展所需能源主要来自以煤炭、石油和天然气为代表的化石能源，其中石油以其便于加工、存储、运输和使用的特点，成为当今一次能源消费中的第一大能源，不仅在国民经济和社会发展中发挥着巨大作用，在军事能源消费中更是占统治地位，被称为"战争的血液"，是现代战争消耗量最大的物资，也是军队战斗力的重要构成要素。随着能源危机和环境问题的日益突出，以环保和可再生为特质的新型能源愈加受到重视，加强新能源技术研究，无论是应对能源危机还是保障国家安全，都具有紧迫的现实意义和长远的战略意义。

第一节　新能源技术综述

新近才被人类开发利用、有待于进一步研究发展的能量资源称为新能源，相对于常规能源而言，在不同的历史时期和科技水平情况下，新能源有不同的内容。

一、基本概念

能源是指人类取得能量的来源，它包括已开采出来可供使用的自然能源和经过加工或转换的能量来源。能源按其形成过程可分为可再生能源与非再生能源。新能源是指采用先进的方法加以广泛利用，以及新发现的、利用先进技术所获的可再生能源，包括太阳能、生物质能、风能、地热能、波浪能、洋流能和潮汐能，以及海洋表面与深层之间的热循环等；此外，还有氢能、沼气、酒精、甲醇等，而已经广泛利用的煤炭、石油、天然气、水能等能源，称为常规能源。随着常规能源的有限性以及环境问题的日益突出,以环保和可再生为特质的新能源越来越得到各国的重视。

1980年,联合国召开的"联合国新能源和可再生能源会议"对新能源的定义为:以新技术和新材料为基础,使传统的可再生能源得到现代化的开发和利用,用取之不尽、周而复始的可再生能源取代资源有限、对环境有污染的化石能源,重点开发太阳能、风能、生物质能、潮汐能、地热能、氢能和核能(原子能)。

一般地说,常规能源是指技术上比较成熟且已被大规模利用的能源,而新能源通常是指尚未大规模利用、正在积极研究开发的能源。因此,煤、石油、天然气以及大中型水电都被看作常规能源,而把太阳能、风能、现代生物质能、地热能、海洋能以及氢能等作为新能源。随着技术的进步和可持续发展观念的树立,过去一直被视作垃圾的工业与生活有机废弃物被重新认识,作为一种能源资源化利用的物质而受到深入的研究和开发利用,因此,废弃物的资源化利用也可看作新能源技术的一种形式。当今社会,新能源通常指太阳能、风能、地热能、氢能等。

新能源的共同特点:具有再生性,取之不尽,用之不竭;储量丰富,价格低廉,能进行大规模开采利用;清洁、安全、无污染;具有较高的热值,便于储存、输送和使用。随着能源危机的进一步激化,新能源技术的开发和利用已日益迫切。目前,专家们认为最有发展前途的能源技术,就是把自然界普遍存在的太阳能、地热能、风能、海洋能、核聚变能以及生物能、氢能等"可再生能源"加以开发,使其转变为电力和热能的新能源技术。在中国可以形成产业的新能源主要包括水能(主要指小型水电站)、风能、生物质能、太阳能、地热能等,是可循环利用的清洁能源。新能源产业的发展既是整个能源供应系统的有效补充手段,也是环境治理和生态保护的重要措施,是满足人类社会可持续发展需要的最终能源选择。

二、主要特征

新能源的利用并不是最近的事情,其实很多新能源都有较长的应用历史,只是早期人们对新能源的认识不足,重视程度不够,同时受技术和经济条件的限制,利用水平不高,利用规模也很小。20世纪50年代,核裂变技术取得较大进步,开始了真正意义上的新能源开发利用。对新能源的深入研究是20世纪70年代以后的事情。始于1974年的第一次石油危机使人们意识到化石能源供应的不可持续性,引发了人们对新能源和石油替代品的关注,此时第一代核电技术逐步成熟并投入应用。20世纪80年代的第二次石油危机进一步强化了人们对新能源的重视。20世纪90年代以来,日益严重的环境问题成为人们研究和利用新能源的强大动力,特别是进入21世纪以来,在不断走高的石油价格和日益严格的环保要求推动下,新能源技术得到巨大发展,新能源的种类、应用规模、技术水平、应用范围都得到长足发展。在未来一个时期,新能源仍将保持持续快速发展的势头。根据2014年英国石油公司发布的《2035世界能源展望》预测,从2012年到2035年,全球能源消费增长41%,年均增长率不到2%,但非水可再生能源消费年均增长率将达到6.40%。

近年来,新能源技术发展呈现以下特征。

(1) 新能源在种类上呈现多元发展、全面开花的趋势。近年来,不仅核电、风能、太阳能等的利用迅速发展,过去不太被重视的一些新能源(如可控核聚变、干热岩型地热、波浪能、海洋温差能等)也受到关注,并在技术上取得了长足进步。此外,常规能源的新的利用技术不断涌现,如煤制油、天然气制油、大容量快速充电电池等逐步走向实用化。

(2) 新能源技术升级不断加快,呈爆发式发展势头。由于受到广泛重视,新能源利用技术不断取得进展和突破,更新换代速度不断加快。更为安全高效的第三代核电技术已经成熟,风电机组趋向大型化,低风速地区、海上风电机组技术也不断成熟。多晶硅太阳能电池的转化效率不断提高,单晶硅、薄膜电池技术也取得突破,以燃料乙醇和生物质柴油为代表的生物质能得到广泛应用,中低温地热发电技术研究取得进展。

(3) 新能源产业不断扩大,出现规模化发展的局面。伴随着技术进步,新能源的成本大幅降低。应用规模快速增长。从2007年到2012年,世界风电装机容量年均增长25%,光伏发电装机容量年均增长59%。2012年年底,以新能源为主的非水可再生能源发电量占总发电量的4.7%。

(4) 新能源产业地位逐步上升,对经济社会可持续发展的支撑作用逐步显现。新能源大多为清洁可再生能源,对能源的可持续发展具有重要作用,地位不断上升。同时,新能源产业的发展,对经济发展有巨大的带动作用。

三、主要类型

(一)太阳能

太阳能是太阳组成元素核聚变反应过程产生的能量,数量巨大,这个数字是惊人的,太阳每秒照射到地球上的能量相当于500万吨煤燃烧产生的能量,相当于1.7亿个百万千瓦发电机的功率,其中可开发利用的折合电能500亿~1000亿度。太阳能是支撑人类社会可持续发展的重要新能源之一,取之不尽、用之不竭,既不污染环境,又无安全隐患。目前,太阳能的大规模应用已经实现高度产业化,常见的形式是光电转换、光热转换和光化学转换三种方式。光电转换是利用半导体材料在光照下产生空穴-电子对的特性,直接将光能转换为电能,光伏系统是典型代表产品。简单的光伏系统如光伏电池可作为手表、计算机电源,复杂的光伏系统可用于照明,还可并网供电。我国是光伏生产大国,95%以上的产品用于出口,国内光伏发电装机容量也有一定规模,达0.22亿千瓦。光热转换是将光能转换为热能,以热水、蒸汽等形式直接供热,也用于发电,如太阳能热水器,可用于洗浴、做饭。光化学转换是利用太阳能将水分解为氢,供人类使用,中间需要光电转换、通过电解水制氢,由于氢燃烧后产生水,又可循环利用,不存在任何污染。

太阳能的能量密度很低,想要达到一定的发电量,需要面积较大的收集设备,造价比较高。成本高、转换效率低是其主要问题。太阳能是一种清洁可再生能源。采用低成本硅的太阳能电池能源转换效率为13%,耐辐射的砷化镓的能量转换效率为19%。采用包括薄膜、多晶硅等技术制造的先进太阳能电池转换效率可达27%。随着技术的进步,转换效率还会提高。太阳能电池主要使用于空间环境中,为各类卫星和太空设备提供电力。由于太空在信息战争时代的地位越来越重要,太阳能技术在军事上的应用会越来越得到重视。当今"可再生能源"的研究开发中,太阳能开发技术已日趋成熟,主要表现在:首先是对太阳能的热利用,如太阳灶、太阳能热水器等;其次是利用光电效应将太阳能直接转换成电能;最后是光化学电池,它是利用光照射半导体和电解液界面,使光和物质相互作用发生化学反应,在电解液中产生电流,并使水电离直接产生氢的电池。太阳能清洁环保,更没有短缺之说,在新能源中具有不可取代的地位。

(二) 核能

核能又称原子能,是通过核反应从原子核中释放的能量。物质由原子组成,原子由原子核和绕核运动的电子组成。原子核由质子和中子组成,也就是说,原子核是可分裂和聚合的。大原子核分裂成两个小原子核,称为裂变;两个小原子核聚合成一个大原子核,称为聚变;大原子核释放出高能粒子转变为稍小一点儿的原子核,称为衰变;裂变、聚变、衰变都会释放能量,这种能量称为核能。

核能是人类历史上的一项伟大发现,经过几代科学家半个多世纪的努力,1942年12月2日,美国芝加哥大学成功启动了世界上第一座核反应堆;1945年8月6日和9日,美国将两颗原子弹先后投在了日本的广岛和长崎;1954年,苏联建成了世界上第一座商用核电站——奥布灵斯克核电站。从此,人类开始将核能运用于军事、能源、工业、航天等领域。核能是人类最具希望的未来能源之一,每千克铀裂变释放的能量相当于2500t标准煤,全球的铀所含的裂变能可保证人类几万年的能源需要。在大海里,还蕴藏着不少于20万亿吨核聚变资源——氘,如果可控核聚变成为现实,那么这些氘的聚变将能满足人类数百亿年的能源需求。从这个意义上说,核能取之不尽、用之不竭。

核能的释放方式目前有核裂变、核聚变和核衰变三种方式。原子弹和氢弹就是分别利用核裂变与核聚变释放巨大能量所造成的破坏力而制造的。核电力系统一般多采用受控核裂变和放射性同位素两种系统。核电站、核动力航空母舰、核潜艇均采用受控核裂变电力技术。核电力系统具有高功率密度、操作与轨道位置无关、使用寿命长等特点。美国核动力航空母舰一次更换核燃料可使用10多年,环球航行上百圈。放射性同位素电源的功率可达几百瓦,每年每千克可产生4380W·h的电力,是同等重量化学蓄电池的200倍。放射性同位素的半衰期为88年,在10年内该电力系统的功率能保持在最大功率的15%范围内。美国的许多航天器和俄罗斯的卫星多采用这种电力系统。可控核聚变是人类利用核能的发展方向,但据科学家预测,在短时间内这项技术还难以突破。核能的开发是新能源技术解决能源危机的另一种有效手段。据报道,全世界有 26 个国家利用核能源,共 430 多座核发电厂在运转。一些能源不足的国家,对核能的开发和利用更为紧迫和广泛。据统计,在这些国家中,核电已占到其本国发电总量的 10%~45%。

核能的主要利用方式是发电。与火电相比,核电具有许多优势:①建设成本并不高,不超过同等规模火电站的两倍。②使用燃料少。一座 100 万千瓦的核电站每年只需 25t 低浓度铀,而相同规模的火电站则需要 300 多万吨原煤,还有大量的煤渣需要处理。③污染少。煤炭燃烧严重污染大气,煤中所含的铀、钛、镭等放射性物质随烟尘飘落、污染环境。核电站则设置了层层屏障,基本不污染环境,放射性污染也比火电站少得多,1 年给居民带来的放射性影响还不及一次 X 光透视。④安全性强。自第一座核电站建成以来,全世界投入运行的 400 多座核电机组基本上是安全正常的。1979 年美国三里岛核电站事故和 1986 年苏联的切尔诺贝利核电站事故,都是由于人为因素造成的。2011 年日本福岛核电站核泄漏事故,主要是因为电站抗震能力弱、由地震引起的海水倒灌引发,并非核反应堆发生了问题。因为这些独特优势,核电技术受到了普遍重视,根据世界核能协会的数据统计,到 2018 年 1 月止,全球 30 个国家和地区共有 440 个核电机组总装机容量为 390GW,发电量约占全球发电量的 11%。

目前,核电技术采用的是比较成熟,但是转换效率极低的热中子转换堆技术。世界上一些发达国家正在研究用富含钚 239 的铀 238 作燃料,用重水代替轻水的新型转换堆,以及发展更有前途的"快中子增殖反应堆"技术等。据报道,日本目前已建成了一座装机容量为 25 万千瓦的"文殊"号快中子增殖反应堆,并于 1995 年 10 月 18 日进行了发电、供电试验,运转情况基本良好。在 21 世纪,人们还将从海水中提炼氘作为聚变堆燃料,从而开发出一种更科学、更安全、更有效的核聚变技术,使人类对核能的利用延长 100 亿~200 亿年。

(三) 氢能

氢气与氧气反应释放的能量称为氢能(Hydrogen Energy)。氢是宇宙中分布最广泛的物质,科学家推测,它构成了宇宙质量的 75%,但在地球上主要以化合态形式存在。水是氢的大"仓库",如果把海水中的氢全部提取出来,释放的能量将是地球上所有化石燃料热量的 9000 倍。

氢能具有独特的优点:密度小;在低温、高压下可转化为液体和固体,适应不同环境下储运及应用需要;能量密度高,是除了核能外能量密度最高的物质,达汽油的3倍;燃烧快,能够迅速提供能量;燃烧生成物是水,清洁环保,可重复利用。工业上制氢的方法很多,常见的有水电解制氢、煤炭汽化制氢、重油及天然气水蒸气催化转化制氢等,但制氢所消耗的能量大于其蕴含的能量。尽管如此,正是由于这些独特的优势,作为二次能源的氢,被看作最好的能量转化与储存的桥梁,备受重视。目前科学家正在研究利用太阳能制氢的方法,包括太阳能热分解水制氢、阳光催化光解水制氢、太阳能生物制氢等,一旦取得突破,氢将成为人类普遍使用的一种优质、洁净燃料。氢能的利用方式很多,液氢已广泛用作航天动力燃料。汽油加氢可以显著提高汽车动力、改善排放、节省油料。我国利用加氢技术,成功制备了高热值的新型液态燃料。全部依赖氢能的汽车已在美国、德国、日本进行了技术试验。氢燃料电池技术相对成熟,已进入商业开发阶段。

氢能将是21世纪世界能源舞台上一种举足轻重的二次能源。由于氢无毒,易燃,且热值高(是汽油的2.8倍),燃烧产物无污染,所以世界各国都把氢作为未来发电、家用燃料、机动车和飞行器的能源。同时,氢和太阳能组成的复合型能源系统将成为未来新能源技术发展的主要方向。氢的质量热值比所有化石燃料都高,氢本身无毒,燃烧后不产生污染物质,是清洁的可再生能源,被誉为"21世纪的绿色能源"。

(四) 风能

风能是因空气流动而形成的能量,属于可再生能源,储量大、分布广,但能量密度低、不稳定。全球风能总功率达2.7万亿千瓦,可利用的达200亿千瓦,是可利用水能的10倍。人类利用风能的历史由来已久,最早可以追溯到公元前,我国是最早利用风能的国家之一,如风帆行船、风车抽水等已有数千年的历史,这些属于风能直接利用。现在,风能主要利用方式是风力发电。实践表明,三级以上风即具有利用价值。美国早在1974年就开始实行联邦风能计划,丹麦在1978年建成了装机容量2000kW的风力发电站。当今世界上最大的风力发电机组就坐落于丹麦,风轮直径达164m,功率达8000kW。我国是风力资源大国,国家气象局的资料显示:我国可利用的陆地风能为23.8

亿千瓦,在新疆、内蒙古等北部省区,有着200km宽的地带,风能功率密度达每平方米200W以上,在阿拉山口、达坂城等地,风能功率密度达每平方米500W以上。我国风力发电起步较晚,20世纪80年代才开始引进大中型风力发电机组,但此后发展迅速。2014年,世界风力发电装机总量为3.7亿千瓦,我国为0.83亿千瓦,居世界首位。风能资源丰富、洁净环保,但存在能量密度低、季节性强、波动大以及发电装置占用空间大、影响视野等问题。

风能洁净、可再生,不用修建立体化设施,可保护陆地和生态。其缺点:间歇性,需要较好的储能技术支持;需要大量地势开阔的土地修建风力发电场;噪声比较大,干扰鸟类生存,影响生态。

(五) 海洋能

海洋能是指依附在海水中的能源,如潮汐能、波浪能、温差能、盐差能、海流能等,是一种可再生能源。海洋能的总量是巨大的,加快开发利用海洋能已成为世界沿海国家和地区的普遍共识与一致行动。目前,主要的利用形式为波浪发电和潮汐发电。据推算,海洋波浪蕴藏的能量折合电能90万亿度,海上导航浮标和灯塔已经使用了波浪发电机供电,大型波浪发电机组已问世,我国也开展了相关研究和试验。潮汐发电已经具备规模,世界上最大的潮汐发电站位于法国,装机容量24万千瓦,已经工作了30多年。我国潮汐能理论储藏量为1.9亿千瓦左右,可利用的潮汐能达0.2亿千瓦。2022年,我国潮汐发电总装机容量已有1万多千瓦,位于浙江温岭的江厦潮汐电站,是世界第四大潮汐发电站。海洋能蕴藏量巨大,取之不尽、用之不竭,对环境污染影响很小,但海洋能的间歇性强、能量波动大,不能实现不间断供能,其利用技术要求高、工程量大、条件较为苛刻。

(六) 地热能

地热能是地壳内部的天然热能,是地球内部高温岩浆和放射性物质衰变释放出的热能,通过熔岩涌动和地下水循环带到地壳层以内可供利用的能量,不受天时、气候的影响,是一种相对稳定的和可再生的能源。地热能利用有直接利用和地热发电两种方式。开采地热资源用于采暖、供热等属于直接利用,技术要求低、所需设备简单,但热能利用率低。利用地热发电需要较高的技术和投入,但热能利用率高。地热能是清洁、无污染的可再生能源,据专家估算,全球地表深度 5km 以内的地热能相当于 4900 万亿吨标准煤。我国地热资源丰富,据国家能源局评估,我国常规地热资源相当于 8530 亿吨标准煤,年可利用量折合 6.4 亿吨标准煤。然而,目前我国每年开发的地热能不到年可利用量的 5‰,并且以直接利用为主,地热发电装机容量仅有 3.2 万千瓦,在全球排名第 16 位,与美国 310 万千瓦、菲律宾 200 万千瓦的地热发电装机容量相比要少得多。可以预料,随着国家支持力度的加大,我国地热发电将有着广阔前景。

(七) 生物质能

生物质能(Biomass Energy),是太阳能以化学能形式储存在生物质中的能量形式,即以生物质为载体的能量。生物质能是指储存在所有动植物、微生物中的能量,它直接或间接地来源于绿色植物的光合作用,是一种可再生能源,也是唯一可再生的碳源。生物质能是理想的替代能源,被誉为继煤炭、石油、天然气之外的世界"第四大能源"。地球每年产生的生物质有 1730 亿吨,其中蕴含的能量相当于全世界能源消耗总量的 10~20 倍。生物质能主要有两种利用形式:①液化,制作生物乙醇、生物柴油、生物煤油等生物燃料,可为车辆、舰船、飞机等提供动力;②汽化,如制作沼气等,可用于集中供气、供热、发电等。经过处理后,比直接燃烧效果更好。生物质能有直接燃烧、热化学转换和生物化学转换 3 种利用途径。农作物秸秆、薪柴等可以用作燃料,直接燃烧利用;热化学转换则是在一定的温度和条件下,使生物质汽化、炭化、热解和催化液化,生成气态、液态、固态燃料;生物化学转换主要通过微生物发酵生成甲烷、乙醇等可燃物,直接利用或者用于发电。在我国,生物质能的主要利用方式是直接燃烧,利用率很低。随着新农村建设和环境保护的需要,采用热化学转换、生物化学转换方式处理生活垃圾、农业废弃物、生物废弃物的力度逐年加大。像我国这样的农业大国、人口大国,生物质能利用开发的潜力很大。

(八) 化工能

化工能是指通过化学合成方式得到的人工化合物中所蕴含的能量。化学合成是对已有能源的技术利用,并不产生新的能量,中间过程反而需要耗费更多的能量,但通过这种方式可以改变能源存在的形式,为进一步利用能源提供便利,还可满足特殊需要。因而,如醚基汽油、煤制油、乙醇汽油、加氢汽油等人工化合物也被看作一种新的能源。我国研制的阻燃抑爆柴油、高密度合成烃等新型合成燃料,在军事上的意义十分明显,属于化工能的成功应用。近年来,化工能的应用发展很快,如燃料电池是通过控制化学反应产生电力。它具有能量转换效率高、低污染、低噪声的特点。目前,已经使用和正在研制的燃料电池包括氢氧燃料电池、碱金属碳酸盐型燃料电池、磷酸型燃料电池等。美国能源部推荐使用质子交换膜燃料电池技术,将重燃料转换成氢用于发电。美军还在研制利用甲醇发电的野战型燃料电池装置。当前世界在燃料电池方面最重要的进展,是制造燃料电池潜艇和燃料电池汽车。使用燃料电池作动力的常规潜艇一次补充燃料可连续下潜长达一周至数周时间,其性能远超过目前广泛使用的柴电动力潜艇。在民用领域,燃料电池汽车可能是下一代汽车的发展方向,有可能在今后20年内全面代替目前的内燃发动机汽车。

又如新型高能量密度材料,其是指能量密度高的燃料、推进剂和炸药。采用分子分解技术,有可能将能量密度比传统高能炸药提高4~20倍。亚稳态固体氮恢复为气体时,比TNT炸药释放出的能量高4倍多。亚稳态固体氢分解成气体时,比TNT炸药释放出的能量高19倍。使用含氮化合物也是制造高能量材料的关键。科学家还提出利用反物质湮灭过程释放大量能量的原理制造高能材料的方案,目前,美国马歇尔实验室组装的反质子搜集器能储存一定数量的反质子达几个月,为制造反物质炸弹提供了条件。

(九) 能量束

能量束主要包括激光束、高功率微波束与粒子束等。激光束是最有发展前途的能量形式。目前,世界许多国家正在加紧研制可实战化的激光武器。美国已于1997年成功进行了高功率激光器试验,为部署天基激光武器奠定了基础。按照美国的设想,其最优方案是在高度为1300km、倾角为40°、不同升交点赤经的圆轨道上,部署24颗激光作战卫星构成全球星座。每颗激光作战卫星能摧毁以其为中心,半径为4000m范围内的卫星。美国、俄罗斯、英国等国还大量研制了陆基、空基、海基战术级激光武器。高功率微波束主要对电子元器件起破坏作用。美军从1995年开始研制微波炸弹,目前已投入战场使用,《美国空军 2025 年战略规划》在未来构想中,提出加速发展空基高功率微波武器,要求这种武器对地面、空中和空间目标具有杀伤损毁力。粒子束是将电子、质子或离子加速到接近光速,聚集成密集的束流射向目标,以动能或其他效能杀伤破坏目标的武器。粒子束武器目前尚在研制中,离实战要求相距较远。

(十)非常规天然气

非常规天然气是指由于各种原因,特定时间内还不能进行盈利性开采的天然气。现阶段主要有煤层气、页岩气、天然气水合物、致密砂岩气等。全球非常规天然气资源丰富,是常规天然气资源的 4.56 倍。

第二节 新能源技术在装备保障领域的优势

弓箭使用机械能、枪械使用化学能、电磁武器使用电磁能;舰船动力经历了风帆、蒸汽轮机、柴油机、核动力、全电力的变化。能源与军事密切相关,军事技术的发展,都离不开能源的支撑;武器装备的每一次重大变革,都离不开能源革命;离开能源,现代军队将寸步难行。能源利用的创新导致了武器装备的变革,改变了战争、改变了人类的历史。

一、促使武器装备迅猛发展

(一)高能燃料催生装备升级

高能燃料催生装备升级包括以下几个方面:

(1)高超声速武器。高能燃料、新型发动机技术等多种技术综合应用,促成了高超声速武器的出现。其飞行速度极快,可超过 6 倍声速,可 1h 内打击全球目标,而且飞行轨迹复杂、预测困难,目前尚无有效的拦截手段。

(2)四代核弹。氢是一种气体,但施加极大的压力,可以使之变成金属氢。其最引人注目的潜在军事用途是制作金属氢武器,爆炸威力相当于同质量 TNT 炸药的 25～35 倍。由于爆炸威力大,可用作"核板机",引爆"四代核弹"。

(3)电磁武器。随着科技的发展,"电磁能"作为一种新型的能量利用形式登上历史舞台。电磁能可用于制作电磁炮、电磁导弹等新型武器,电磁炮被誉为"21世纪最有前景的超级武器"。

（二）核能开发提升军事潜能

核能的军事应用首先是制造核武器,除原子弹、氢弹外,美国和俄罗斯（苏联）还研制出威力可调的核武器以及按照不同需要增强或削弱其中某些杀伤破坏因素的特殊性能核武器,如中子弹等。核能还可作为舰艇、卫星上的驱动能源;核电站不仅具有巨大的民用价值,而且还具有很大的军事应用潜力,小型核电站可车载机载,是理想的战时能源。利用核聚变试验装置进行核爆炸效应模拟,并以此来研究核武器中的某些重要物理问题,已成为目前一些国家积极研究受控热核聚变的动力之一,并将其纳入各个国家核武器发展计划,以期补充并进而代替部分核试验。利用核爆炸所释放的能量研制核定向能武器的计划目前也在加紧进行。

（三）氢能促进航天航空发展

在航天方面,减轻燃料本身质量,增加有效载荷,对航天飞机来说是极为重要的。氢能的密度很高,为每千克1.8万瓦,是普通汽油的3倍,也就是说,只要用1/3质量的氢燃料,就可以代替汽油燃料,这对航天飞机无疑是极为有利的。NASA就曾在1994年发射了一架以氢作为燃料的混合型航空航天飞机。日本研制的下一代主火箭H-1、H-2型的第二级也将采用氢做燃料。在航空方面,以氢作为动力燃料已经在飞机上进行了试用。1989年4月,苏联用图-155型运输机改装成氢能燃料试验飞机进行试飞,并获得了成功。它的成功标志着人类应用氢能源又向前迈进了一大步。目前,美国正在积极研究开发在飞机上使用液氢的工作,并已取得成效。

二、提高武器装备动力性能

提高武器装备动力性能包括以下几个方面:

(1) 核能为装备提供超长续航能力。航空母舰被称为"海上的巨无霸",核动力是其理想的能源。航空母舰在核能的支持下,具有超长的续航里程,而且使用核能,可以节省大量空间和载重吨位,减少了对基地和装备支援的依赖。例如,美军的"尼米兹"级航母,最多可搭载90架飞机,装填一次燃料可连续使用15年,续航里程达80万海里(1海里=1852m),相当于绕地球30圈。

（2）含氧柴油使装备畅行高原。含氧柴油能够为发动机提供额外的氧，使柴油更加充分地燃烧。青藏高原平均海拔在4000m以上，空气稀薄、氧含量低。在这种环境中，装备发动机会出现燃烧恶化、动力性能下降、冒黑烟、油耗增加和可靠性降低等一系列问题。极大影响装备性能发挥，制约战斗力生成。含氧柴油可以很好地解决上述问题。

（3）煤基燃料使装备征服极地。煤基燃料是以煤炭为原料，通过化学加工和化工转化得到的液态燃料。煤基燃料具有优异的高低温性能，全地域通用；不含硫和芳烃，清洁环保；性能稳定，适合战备长期储存；可替代现用多个牌号柴油，实现战时品种简化。

三、大幅提升能源保障能力

（一）优化能源保障的新路径

优化能源保障有以下几个新路径：

（1）固定设施用电保障。例如，我国研制开发了综合利用新能源及传统能源的发电系统——风光柴储互补发电系统，推出了成熟的产品。这种发电系统主要利用风能、太阳能等可再生能源进行发电，多余的电能可存储，必要时可使用传统的柴油发电方式进行补充，在保障供电的同时，极大减少了燃料的消耗，进而降低了燃料运输的成本。在高原、海岛、边疆、无人区使用，取得了很好的效果。

（2）机动装备用电保障。例如，北约特种部队研发、装备了"太阳能之花"（Smart Flower）太阳能发电系统，花瓣可以收起，便于运输，双轴跟踪系统能够自动使太阳能板与光线始终保持90°，保证最大的发电效率，提高了部队远程作战时能源自我保障能力。

（3）单兵装备用电保障。现代作战单兵系统包含的装备越来越多，用电需求也越来越大。薄膜太阳能电池重量轻、能弯曲，便于携带，无噪声、红外辐射信号低，弱光也可发电，是很好的辅助电源、提供额外的电力保障，可为无线电台、夜视装备、定位导航装置、计算机及其他单兵设备充电。

（二）实现移动式大容量保障

实现移动式大容量保障包括浮动式核电站和核电宝。

（1）浮动式核电站。2016年，国家发展改革委员会支持启动了"海洋核动力平台示范工作项目"，建成后，能够提供电力、热能供应，以及海水淡化服务，可有力支撑我国南海岛屿建设发展、石油及天然气开采，对国防建设和经济发展具有十分重要的意义。

（2）核电宝。2016年9月底，我国媒体发布消息：中国科学院合肥物质科学研究院铅基快中子反应堆研发工作取得重大突破，实现了技术自主化，将推出只有集装箱大小的"核电宝"。

（三）提高能源保障的可靠性

有效提高能源保障的可靠性，首推能源互联网技术。能源互联网是一种把多种能量联系起来，实现能量存储、共享与交换的网络。能源互联网具备五大突出优势：可再生、分布式、开放性、可靠性、融合性，使其引起广泛的关注。

（四）开创能源保障的新手段

无线输能就是不依靠输送线传输电能，主要方式有电磁感应、磁共振、微波、激光4种，综合考虑传输距离、传输功率、转化效率，目前研究比较多、有一定应用的是磁共振方式。对于无线输能技术，由于没有很好地解决传输距离短、转换效率低的问题，并未广泛应用。其主要应用在以下三个方面：

（1）太阳能发电卫星。美国航天工程师彼得·格雷泽提出了太阳能发电卫星的概念，卫星利用太阳能电池板收集能量，这样做的好处是太空中太阳光更强，收集效率更高，而且不受天气影响。然后通过微波把能量传送到地面，实现天到地的能量传输。

（2）无人机空中充电。无人机具有体积小、质量轻、机动性好、便于隐蔽等特点，在现代战争中，广泛用于侦察、情报、远程打击等任务。中小型无人机，由于尺寸、重量的限制，多使用电池驱动电动机提供动力，电池容量小导致无人机续航时间短。应用无线输能技术实施空中充电，有望使无人机具备无限续航能力。

（3）海上电站。利用核能、海洋能、风能等发电，可以建设大型海上电站。但海上不能像陆地上一样架设输电线路，利用无线输能，能够破解能量传输的难题，使海上电站可同时为大范围内的海岛、船只、海上石油天然气开发平台、无人潜航器等各种用电单元提供电力保障。

第三节 新能源技术对装备维修保障的影响

军事能源技术的特征是区分战争形态变化的主要标志之一,不同的战争形态有着不同的能源释放方式。在人类战争史上,冷兵器时代的战争主要使用的能源方式是人力和畜力,热兵器时代战争主要使用化学能量,核战争时代使用的是热核能量。在信息战争时代,军事上使用能源和释放能源的方式更加多样化、高能化、高效化,直接侧重武器装备的发展,也引领推动着装备维修保障的发展。

一、持续提供装备维修保障作业能量

现代战争参战武器装备种类多,数量大,高新技术含量高,导致战时毁伤机理多样,对装备维修保障提出了更高的标准和要求,组织战场抢救抢修对能源保障依赖性大,新能源技术的发展应用,为组织实施战时装备维修提供了新的能源保障来源。例如,利用太阳能可直接转化为电能,太阳能既是"一次能源",又是"可再生能源",利用太阳能发电是目前最有发展前途的一种技术,太阳能发电可为装备维修设备和组织维修作业提供动力,可为车辆、装甲、飞机、舰艇等提供所需的各种能源;可为各种武器及其发射平台的测量与控制设备、指挥自动化系统、电子对抗系统的各种设备和光电系统提供电能。随着超导技术的发展,使太阳能发电以及电能的输送与储存等设备小型化;在未来,体积小、功率大、损耗低的超导太阳能电池将可能取代传统的油箱和燃油发动机,使装备维修保障部(分)队组织战场修理的机动性、隐蔽性进一步提高;同时,超导磁体储能装置可长时间、低损耗地储存大量电能,从而使时断时续的太阳能变成稳定、可靠的电力。

二、有效降低武器装备战场战损率

在现代战场上,由于武器装备杀伤力和精准度不断提升,装备致损致毁因素急剧加大,而武器装备的燃油动力系统又是敌火力重点打击部位,一旦遭敌打击,装备损伤会非常严重甚至会直接战毁。新能源技术的发展应用,

可以在技术层面上较大地改善这种情况。燃料阻燃抑爆是代表燃料安全领域的国际前沿技术,阻燃抑爆柴油是指不改变柴油使用性能的前提下,使其在引燃或引爆条件下,具有防止燃爆和主动熄灭功能的安全燃料。阻隔抑爆材料是指以金属合金或有机高分子材料为基体,添加功能添加剂后制成的网状、球状或其他形状的材料,油箱阻隔抑爆是通过使用阻隔抑爆材料,防止油箱被击中时爆炸,也可防止燃料流出,确保持续提供动力。

三、拓展装备维修保障作业空间

由于新能源广泛使用,使装备的性能得到大幅提升,同时相应地使装备维修的空间得到极大拓展。

(1)深空:行星探测器。使用核电池,其突出的优点是,抗干扰性强,工作稳定可靠,不受外界环境温度、湿度等影响;工作时间超长。在核电池的支撑下,"旅行者"1号行星探测器在核电池的帮助下,创造了辉煌纪录:飞离地球最远、飞行速度最快,至今已经飞行了40多年的时间,几乎飞到了太阳系的边缘。

(2)深海:"蛟龙"号潜水器。"蛟龙"号是我国自行设计、自主集成的载人潜水器,最大下潜深度到达了7000多米。能够实现定向航行、定高航行,还能定位悬停,能在深海停留近10h。"蛟龙"号潜水器搭载了完全由我国自主研发的大容量充油银锌蓄电池,因此"蛟龙"号可有更长的水下工作时间和更多的仪器运行。

(3)临近空间:高空太阳能无人机。2017年5月,我国自主研发的"彩虹"超高空太阳能无人机圆满完成了飞行试验,借助太阳能电池的帮助,能够在20km以上高空飞行数月甚至数年时间。

(4)微观:微电池。美国哈佛大学和伊利诺伊大学厄巴纳-尚佩恩分校研究人员合作,开发出一种3D打印锂离子微电池技术,电池只有一粒沙子大小,"在充放电率、循环寿命和电流强度方面,其电化性能可以和商用蓄电池媲美"。可提升小型设备的供电能力,在军事侦察、医学等领域有广阔的应用前景。

第十四章　生物技术及其装备维修保障应用

随着社会的成熟与发展,生物技术的发展不断拓展人们的生活,使人们的需求得到越来越多的满足,为很多与人们生活切实相关的问题找到解决的方法。生物技术的发展,意味着人类科学各领域技术水平的综合发展;生物技术的发达程度与安全程度,也意味着人类文明的发达程度。21世纪以来,随着与其他技术的不断交叉、融合,生物技术引领新一轮科技革命,生命组学、合成生物学、基因编辑等一系列前沿尖端技术不断取得突破性进展,必将对未来军事和国防发展格局产生前所未有的影响。

第一节　生物技术综述

生物技术不仅是一门新兴的、综合性的学科,更是一个深受人们依赖与期待的,亟待开发与拓展的领域。现代生物技术研究所涉及的方面非常广,其发展与创新也是日新月异的。

一、基本概念

什么是生物技术?究竟如何定义它,在这一点上,国内外的学者曾下过多种大同小异的定义,狭义地讲,"生物技术就是利用生物有机体(包括微生物和高等动、植物)或者其组成部分(包括器官、组织、细胞或细胞器等)发展新产品或新工艺的一种技术体系"。广义地讲,"是指以现代生命科学(分子生物学、细胞生物学)为基础,结合先进的工程技术手段,利用生物体及其亚细胞结构和分子,研究、设计和制造新产品,或预期性地改变生物的特性乃至创造新的物种或品种,使人们得到所期望的品质的技术"。

生物技术作为一门应用学科与一些基础学科(如微生物学、遗传学、分子生物学、细胞生物学、生物化学、化学、物理学、数学等)都有密切的关系。它的形成与发展既依赖于化学工程学、电子学、计算机科学、材料科学和发酵工程学的发展,又反映出基础学科研究的新成果,也充分体现了工程学科所开拓出来的新技术和新工艺。

生物技术涉及的面比较广,不同人关注它的不同方面,也就有了不同的称谓,如关注工程化生产,称之为生物工程技术;区别于传统生物技术,称之为现代生物技术;关心同纳米技术、信息技术的交叉应用,称之为生物交叉技术等。生物技术,通常指的是现代生物技术,也称为生物工程技术。

生物技术主要包括五大工程,即遗传工程(基因工程)、细胞工程、微生物工程(发酵工程)、酶工程(生化工程)和蛋白质工程。随着信息技术、纳米技术和生物技术的融合发展,生物交叉技术也成为生物技术的一个重要分支。

二、发展概述

公元前6000年,古代巴比伦人就会酿造啤酒;公元前4000年,埃及人就会做发酵面包,我国殷商时期,人们就会做酱;春秋战国时期,已有专门酿醋的作坊,我们称之为传统生物技术,其技术特征是采用酿造技术,主要特点是自然发酵,全凭经验。

1674年,列文虎克发明了世界上第一台光学显微镜,并利用这台显微镜首次观察到了血红细胞,人类开始具备了观察微观世界的能力,开启了现代生物技术的发展。

1860—1870年,奥地利学者孟德尔根据豌豆杂交实验发现孟德尔遗传定律。丹麦遗传学家约翰逊将孟德尔的遗传因子概念定义为"基因"。

1944年,3位美国科学家分离出细菌的脱氧核糖核酸(Deoxyribo Nucleic Acid,DNA),并发现DNA是携带生命遗传物质的分子。

1953年,美国人沃森(Watson)和英国人克里克(Crick)发现了DNA双螺旋结构。

1956年,科恩伯格发现了DNA聚合酶(DNA Polymerase),它就像胶水一样,可以将游离的脱氧核糖核苷酸连接成DNA片段。

1958年,弗朗西斯·克里克提出了遗传信息传递"中心法则",即人类的基因是如何遗传的。

1966年,又有科学家发现了氨基酸密码子,意味着DNA双链不是随机组成的,而是有一定规律的。不同规律的DNA组合,遗传了不同的信息。

1970年,纳森斯(Daniel Nathans)、亚伯(Werner Arber)与史密斯(Hamilton Smith)发现限制性核酸内切酶,它就像剪刀一样,可以对DNA链条进行切割,简称限制酶,标志着合成生物学时代的到来。

1972年,美国科学家保罗·伯格首次成功重组了世界上第一批DNA分子,标志着DNA重组技术——基因工程诞生,并成为现代生物技术和生命科学的基础与核心。

1990年,人类基因组计划启动。

2003年,人类基因组测序完成。

DNA重组技术的建立,标志着现代生物技术的诞生。现代生物技术是在传统生物技术基础上发展起来的,以DNA重组技术的建立为标志,以现代生物学研究成果为基础,以基因或基因组为核心,生物技术产业以基因产业为核心,并辐射到各个生物科技领域。

三、技术前沿

1. 生物交叉技术

2013年,德国图宾根大学的科学家开发出了一种微芯片,该芯片约为3mm大小,由1500个像素点构成,每个像素都有自己的放大器和电极。这种外部供电的光敏微芯片将通过手术植入患者的视网膜表面下方,能使视网膜病变的盲人重见光明。

2013年7月,英国利用胚胎干细胞培养出视网膜感光细胞,将这些细胞植入盲鼠眼睛的视网膜,成功地在眼睛和大脑之间形成了神经联系。

2015年,加拿大研究出一种新的仿生镜片,眼内植入这种镜片后,视力有问题的人能将视力恢复到最佳水平。

3D生物打印,指的是一种以计算机三维模型为基础,通过软件分层离散和数控成型的方法,定位装配生物材料或活细胞,制造人工植入支架、组织器官和医疗辅助等生物医学产品的3D打印技术。3D生物打印机的原料为生物墨水,研究者从人体骨髓或者脂肪中提取干细胞,通过生物化学手段,使它们分化成不同类型的其他细胞,然后,这些细胞将被封存成"墨粉",当启动3D生物打印机时,"墨粉"将通过打印头聚拢在事先设计的部位上,打印器官。

2016年2月15日,来自美国北卡罗来纳州维克森林大学再生医学研究所的科学家称,他们创建了一台3D生物打印机,使用复合细胞的水凝胶材料,逐层打印,制造骨骼、耳鼻、膀胱等人体器官,可为患者提供量身定做的器官替代品。美国康奈尔大学利用3D打印技术以及活性细胞制成的可注射胶造出了与人耳几乎完全一样的人工假耳,在外观与功能上与真耳相差无异,并且在3个月之内,这些耳朵即可长出软骨,替换掉其中用于定型的胶原。英国牛津大学研究出最新3D打印技术,将水和液体分子连接在一起,形成了具有人体细胞功能的"液滴"(仿生组织)。每个液滴是直径约为50μm的透明空腔,这些打印出的"功能液滴"可用于人体组织。据报道,我国863计划之一的3D生物血管打印机已经获得重大突破,据介绍,该款血管打印机性能先进,仅仅2min便可打印出10cm长的血管。与市面上现有的3D生物打印机不同的是,3D生物血管打印机可以打印出血管独有的中空结构、多层不同种类细胞,且细胞成分具有生物活性。

2. 基因编辑技术

目前,最热门的基因编辑技术是CRISPR/Cas9。CRISPR/Cas9是细菌和古细菌在长期演化过程中形成的一种适应性免疫防御,可用来对抗入侵的病毒及外源DNA。CRISPR/Cas9系统通过将入侵噬菌体和质粒DNA的片段整合到CRISPR中,并利用相应的CRISPR RNAs(crRNAs)来指导同源序列的降解,从而提供免疫性。

CRISPR/Cas9技术是一种基因治疗法,是继锌指核酸酶(ZFN)、ES细胞打靶和TALEN等技术后,最为先进的基因编辑方法,能够通过DNA剪切技术治疗多种疾病,且有效率高、速度快、生殖系转移能力强及简单经济的特点,可实现编程式的基因编辑。

3. 脑科学研究

2012年,德国科学家发现大脑内的神经传递物质多巴胺有提高记忆的能力,有助于研发提高记忆的药物。

在利用电磁信号刺激大脑方面,当前研究的重点在于通过电、化学或生物方法来刺激人的神经系统,加强人的精神和情感能力。神经刺激方法包括用电子设备直接刺激神经组织的经颅直流电刺激、经颅磁刺激和脑深部电刺激。研究显示,脑颅经电磁刺激可以提高士兵的学习效率、减少疲劳和提高警觉性,通过大脑刺激学习更多知识的受试者对知识的记忆可延伸数月。近期,美国陆军研究实验正在研究利用最新的神经刺激技术来检测大脑状态,以及改善理解能力、目标感知和决策能力。

利用大脑植入物提升人脑记忆能力、恢复因伤病引起的失忆已成为脑力增强的热点。DARPA在该领域安排了多个项目。2013年,DARPA启动了"恢复主动记忆"和"基于神经技术的新兴治疗系统"两个项目。前者目的在于开发神经信号分析与解码新方法,应用神经刺激促进脑损伤后记忆编码的恢复,开发植入式神经设备帮助患者恢复记忆,以及了解如何对人类大脑的右半区进行刺激和锻炼,以提高士兵的反应速度和瞬间记忆能力;后者目的在于开发能够为患有创伤后应激障碍和其他神经疾病的患者提供帮助的大脑植入物。DARPA于2015年新启动了一个称为"恢复活动记忆与回放"的项目,旨在研究确定大脑哪些部分决定着记忆和回忆的形成,从而帮助人脑更好地记住具体的偶发事件,更快地学会技能。

意念控制技术当前致力于辅助伤残军人重新获得行动能力,未来则有可能实现对武器装备的意识操控。在意念控制义肢方面,美国匹兹堡大学的研究项目在一位颈部以下瘫痪的女患者脑运动皮层植入传感器,使其单凭意念即可操作机械手臂将一块巧克力送入口中,比以往的研究更接近于一个正常人的肢体;2014年,DARPA在"革命性义肢"项目中,成功研发了名为"DEKA"的仿生机械手臂,该手臂具备近真实的控制能力,可用于帮助失去手臂的人员恢复生活能力;2015年,美国约翰斯·霍普金斯大学的研究团队开发出新一代智能义肢,其拥有26个关节,能像正常的手臂一样由人的大脑控制,可以抓举20kg的重物。

在意念控制机器方面,2012年,DARPA启动了"阿凡达"项目,目标是研制可通过意念控制的机器人,有望在未来代替士兵征战沙场。美国陆军研究实验室正在研究一项技术,使得士兵仅通过意识就可实现对军用系统的直接控制。在该研究方向下,陆军实验室正在资助研究两个项目:一是通过实时记录大脑活动,研制一种可探测潜在表达和监控使用人员关注点、意图的原型系统;二是寻求理解大脑信号的生理性生物标记,用于探测潜在表述和特征状态。2014年,德国慕尼黑工业大学的研究人员首次成功展示了脑控飞行;2015年6月,俄罗斯"未来研究基金会"表示,以思维控制机械的脑机接口研发成功。

2012年,英国皇家学会发布的《神经科学:冲突与安全》报告认为,认知神经科学(含脑科学)具有武器化应用的潜力,可以研制出直接作用于神经系统(主要是大脑)的新型武器。美国国防部《2013—2017年国防科技发展计划》则提出,认知神经科学(含脑科学)的颠覆性应用前景是实施思维干扰与控制的神经生物战。尽管目前距离这一"终极目标"的实现尚远,但该领域已经取得了一些突破。美国《华盛顿邮报·军事周刊》曾披露在伊拉克战争中美军使用过控脑武器。

第二节 生物技术在军事装备保障领域的优势

随着生物技术的发展,将产生新型生物材料、生物芯片、生物能源、仿生装备,促使武器操作、战场指挥、通信和装备保障等发生质的变化与跃升,提升作战能力,颠覆现有作战样式。

一、生物交叉技术,全维提升作战能力

自古以来,无论是冷兵器战争、热兵器战争,还是机械化战争、信息化战争,人都是战争的主体。在军事应用方面,如何增强人体功能、使人体具有更强壮的体力和耐力、更强大的思维决策能力,是生物技术的重点研究方向。

(一)动力外骨骼,提高负重能力

动力外骨骼或称机械外骨骼,是一种由钢铁的框架构成并且可让人穿戴的机器装备装置,这个装备可提供额外能量来供四肢运动,其工作原理是

通过传感器来感知使用者活动的相关信息,并传递给信息处理器进行处理,然后驱动相应的机械部件。动力外骨骼更倾向于军事装备领域,除了能增强人体能力的这一基本功能,还要具有良好的防护性、对复杂环境的适应性以及辅助火力、通信、侦察支持等军用功能。

20世纪60年代,外骨骼技术进入实践研究阶段,形成了以"哈德曼"为典型代表的外骨骼系统。进入21世纪后,外骨骼技术进入快速发展期,如美国的人类通用型负重外骨骼(Human Universal Load Carrier, HULC)军用动力外骨骼系统、法国的"大力神"外骨骼系统、俄罗斯的"士兵-21"外骨骼装备、外骨骼设备系统等。"外骨骼"能使人体骨骼承重减少50%以上,可让普通士兵成为大力士。

(二)视觉增强,提升感知能力

人类有70%的信息获取来自视觉,并且人眼只能看到物理世界,无法看到其背后复杂的信息世界,同时,人类的记忆力有限,视野有限,看了会出现遗忘。视觉增强技术会有效解决这两个束缚,视觉增强包括两类:其一是眼内植入相关设备,接收视觉影像,并转化为电子信号刺激神经,将信息传入大脑;其二是指利用伸缩式隐形眼镜、夜视隐形眼镜、智能眼镜等新型可穿戴设备,实现对环境更好的感知。

利用先进的视觉增强技术,士兵将告别对繁杂笨重的侦察、通信设备的依赖,实时接收来自数百千米以外指挥部传输的指令、地图等信息,获取来自其他侦察系统的动态情报,及时感知和了解原来无法直接观察的战场环境,拥有"千里眼"。例如,美军的"集成视觉增强系统",是一种先进的护目镜,能提供更高级别的夜视和热成像能力,同时还会叠加导航和瞄准等其他功能,令士兵战斗力大幅提升;美国密歇根大学利用石墨烯研制的夜视隐形眼镜,镜片充分利用石墨烯"超级传感器"的性能,石墨烯内的电子能够像光子一样高速运动,是硅中光子速度的10倍,可作为一种"热载流子",产生的效应可以测量、加工处理,转换成图像,使佩戴者具有"红外夜视"的能力。

(三)生物材料,提升防护能力

士兵防护的关键因素之一在于防弹衣的基础材料,生物材料是生物技术重要的研究领域,根据其性质可分为仿生结构材料和仿生功能材料。仿生结构材料是指在应用中起承载作用的材料,如仿生蜘蛛丝的生物钢、仿生贝壳的装甲材料等,科学研究发现,蛛丝的坚韧性是目前主流防弹衣材质的3倍,其超级伸长能力使它断裂时需要吸收更多的能量,可以使子弹有效地减速,对破碎作用是一种很大的障碍;仿生功能材料是指在应用中起功能作用(如声、光、电等)的材料,主要包括仿生伪装材料、仿生传感材料、仿生制导材料等。

(四)"不眠勇士",保持旺盛精力

在高强度的作战对抗中,士兵精力体力的作用至关重要,在需要保持高度警觉的作战任务中,打瞌睡是士兵最大的敌人,各国军队都在尝试解决这一问题,希望打造能一周七天,每天24h连续作战的"不眠勇士"。美军研制了一种名为"莫达非尼"的药物,这种中枢神经兴奋剂可以让士兵保持连续40h清醒而不会致病。DARPA还在资助更不同寻常的抗睡眠研究,如用电磁场对大脑进行刺激以消除倦意。

二、丰富保障手段,推动装备保障方式变革

(一)创新医疗救治手段

创新医疗救治有以下几个手段:

(1)人造血液。血液最重要的功能是运输氧气,而运输氧气的载体是红细胞中的血红蛋白,因此人造血液的主要研究思路是研制能运输氧气的载体——红细胞或血红蛋白。

2016年12月3日,美国圣路易斯华盛顿大学研究人员在美国血液学会第58届年会上宣布,他们研制出一种新的人工血液,可冷冻干燥后制成干粉,储存1以上,只要用水溶解就可使用。

(2)革命性假肢。DARPA于2006年启动"革命性假肢"计划,旨在创建先进的拟人化机械臂和控制系统,为受伤的士兵扩大假肢的选择范围。约翰·霍普金斯大学、DEKA公司等30多家研究机构参与该计划,相继推出了"LUKE(Life Under Kinetic Evolution,LUKE)手臂"和MPL智能假肢。其中,"LUKE手臂"是通过监测截肢患者断肢处的肌肉电信号,经过处理器计算后转化成可被机器执行的指令,控制假肢完成复杂动作。已在近100名

截肢者身上进行了超过 10000h 的测试,2014 年,美国食品和药物管理局(Food and Drug Administration,FDA)批准了"LUKE 手臂"的使用和销售。

(3) 3D 生物打印。以计算机三维模型为基础,通过软件分层离散和数控成型方法,定位装配生物材料或活细胞,制造人工植入支架、组织器官和医疗辅助等生物医学产品的 3D 打印技术。其工作原理是:从人体骨髓或者脂肪中提取干细胞,通过生物化学手段,使它们分化成不同类型的其他细胞,然后,这些细胞被封存成"墨粉",通过 3D 生物打印机打印头聚拢在事先设计好的部位上,打印出器官。

3D 生物打印一般分为 4 个层次:第一个层次是用普通的工程材料,打印出体外的个性化模型,方便医生用于诊断、交流或者设计手术方案;第二个层次是用生物相容性良好、不可降解的材料,打印出可以移植到病人体内的植入器件,替代受损部位;第三个层次是用可降解材料,为组织再生打印出含有丰富空隙的支架,接种细胞以后,进行体外或者体内的培养,以实现缺陷组织的再生和修复;第四个层次,是用活体细胞进行三维打印,打印出器官组织。

(二)改变传统能源格局

能源作为重要的战略性资源,是战斗力的重要保障。当前,化石能源枯竭,能源风险因素不断增加并且日益突出。生物质遍布世界各地,蕴藏量极大,仅地球上的植物,每年生产量就相当于目前人类消耗矿物能的 20 倍,或相当于世界现有人口食物能力的 160 倍。生物质能成为解决能源危机最有潜力和希望的途径之一,有望改变传统能源格局,如生物燃料,利用生物质制造含碳的生物燃料,可减少各类武器装备对石油类燃料的依赖,为保障部队作战提供可替代的能源解决方案。当前,美军已经开始在其武器装备中使用一定比例的生物燃料,并计划逐步扩大这一比例。

三、促进武器装备发展,催生新的战争形态

(一)基于脑科学创新新型作战手段

脑科学是最具挑战性的基础科学命题之一,任何进步都将是终极震撼性的。广义上的脑科学,是研究脑结构和功能的科学,目标可以归纳为"了

解脑""保护脑"和"创造脑",其潜在的军事价值主要体现在"脑控""仿脑"和"控脑"等方面。

(1) 脑控技术,实现"人装合一"。脑控是指通过大脑实现对外界物体或设备的直接控制,减少或替代人的肢体操作活动。例如,DARPA"阿凡达"研究计划,目标是打造一种可由人脑远端控制的"拟人机器人"军团,让机器人成为"代理士兵",携手完成各项任务。脑控技术具有广阔的军事应用潜力。未来战场上可能出现各种先进的脑控装备,作战人员只需通过意念就能对武器装备进行操作控制,人与装备将融合成一个有机的整体,实现"人机合一"。

(2) 仿脑技术,打造"智慧系统"。仿脑是指借鉴人脑构造方式和运行机理,开发出全新的信息处理系统和更加复杂、智能化的武器装备。例如,瑞士仿人类大脑信息处理方式的微芯片,在容量、速度以及能耗方面,均可与人类大脑相媲美。欧盟启动模仿人脑的超级计算机项目,目标是逐步将人类认知能力赋予超级计算机。DARPA 的"神经自适应合成可扩展电子系统",目标是研发大规模生物神经电子系统,模仿人类大脑的重要功能。

未来,仿脑研究有望开发出像人类一样会"思考"的信息系统,将推动作战平台由信息化"低智"向类脑化"高智"发展,实现高性能低功耗运算、高智能自主决策、主动式学习等革命性突破,催生高智能化自主作战力量问世。

(3) 控脑技术,未来战争"利器"。控脑主要是指利用外界干预技术手段(如药物、电磁波等),对人的神经活动、思维能力等进行干扰甚至控制。对于己方人员,大幅提高认知与作业能力,最大限度地降低由于心理障碍、睡眠障碍、脑疲劳等因素对认知功能造成的负面影响,延长指战员的有效作战时间;对于敌方人员,可导致出现幻觉、精神混乱甚至做出违背其自身意愿的行动。例如,据美国《大众科学》月刊网站报道,DARPA 正在出资请科学家研发通过遗传工程改造的人脑、纳米技术和红外线等工具来了解士兵的想法,最终目标是打造可以用思想控制的武器。

(二)基因编辑打造新型生物武器

生物武器的发展可划分为三个阶段:

第一个阶段是第一次世界大战时期,主要研制者是德国,仅限于少数几种致病细菌,如炭疽杆菌、马鼻疽杆菌等,施放方式主要是依靠人工投放,污染范围很小。

第二个阶段自20世纪30年代开始至70年代末。主要研制者先是德国和日本,后来是英国和美国。战剂主要仍是细菌,但种类增多。施放方法以施放带生物战剂的媒介昆虫为主,后期开始应用气溶液撒布。运载工具主要是飞机,污染面积显著增大,在战争中进行了实际应用。

第三个阶段20世纪70年代以后,随着基因技术的日益成熟,进入了基因武器阶段。

2016年2月,美国情报界年度全球威胁评估报告将基因编辑列为大规模杀伤性技术。俄罗斯《生意人报》报道说,目前西方一些国家确实在研究基因生物武器,并且这些研究已经达到了可以消灭一个组织的阶段。俄罗斯情报人员认为,世界上有10~15个国家已经制订或正在制订基因与生物战计划。

(三)生物化战争颠覆传统作战理念

生物技术的发展,促使其在军事领域广泛运用,影响并推动着武器装备的生物化、战场微边疆化、战争理念"人性化"和战争手段"软杀伤",可能逐步改变战争形态,使之走向生物化战争。生物化战争将彻底颠覆传统战争理念,拓展作战领域、改变战争节奏、模糊平战界限,必将引起新一轮的军事变革。

(1)武器装备生物化。以纳米生物材料、生物钢等为基础的军用生物材料使武器装备的材料生物化;以反人员和武器装备为基础的非致命性生物武器使攻击性武器装备生物化;以酶工程、发酵工程、细胞工程等为基础的军用生物医疗救护器材和生物洗消器材等使装备保障装备生物化。由此可以预见,随着生物技术的进一步发展,武器装备的生物化必将形成。

(2)战场微边疆化。生物技术在军事领域的运用为人类打开了一个复杂而丰富的认知空间——微观生命领域。战场军事对抗将从陆、海、空、天、电、网等的空间领域对抗转移到人体内的微空间对抗。例如,利用对生态环境、食品以及工业产品等有目的的基因改造来对目标人群、特定人员进行攻击;通过破坏生物体的微观结构来使生物体形成功能性毁伤;攻击特定的基因、蛋白质、细胞等微观结构领域来攻击整个民族;利用人群迁徙、气候变迁、自然灾害等环境因素来实施具有针对性的生物技术攻击等。

(3)新型战争理念。生物技术在军事领域的运用改变了人们对战争认知的基本思想。首先是改变了作战主体目标思想。以往战争的主体作战目标是敌方的人员、武器装备、建筑物等目标,未来,人体内部的微观结构将会是作战的主体目标,通过攻击人体的某些分子来达到控制关键性人物的目的。例如,在人类基因组的几十亿个碱基之中考虑对哪几个进行攻击,使其失去一部分功能,从而控制指挥人员和作战人员。其次是改变了对主体目标的攻防手段。以往战争主要是对物或人的肉体进行摧毁,以消减对方作战能力,从而达成制胜目的。未来生物化战争则是利用生物武器通过一定的生物攻击手段对人实施微观攻击,实现对人体分子水平的操控。这种生物武器包括转基因食品、疫苗等。由此可见,生物技术在军事领域的应用将产生新的作战理念。

第三节 生物技术对装备维修保障领域的影响

生物技术的军事化应用势不可当,将使未来战争产生重大变革,新型生物武器、基因武器、控脑武器将同核武器一样,具有一种极强的战略威慑,成为国之重器。对装备维修保障而言,生物技术为装备维修保障拓展了新的领域,提出了全新的要求,应该积极应对,提前布局,抓紧完善保障体系,创新技术开发和应用,提高保障效能。

一、深入拓展新的研究领域

当前,以信息化为主体的军事变革方兴未艾,但是从长远来看,新的军事变革仍然会接踵而至。随着现代生物技术军事运用的不断深入发展,军事生物科技极有可能以现代技术平台为基础,在不远的将来取代现行的部分主体军事技术,成为关键性主导性的军事技术手段,形成生物技术科技制胜的新局面,引领新的军事变革。清楚理解现代生物科技军事运用的内涵和特点,能大胆、正确地大力发展军事生物科技,促进军事进步,并取得未来军事变革的先机。

2014年4月,被誉为"全球军事科技发展风向标"的DARPA就专门设立生物技术办公室,从国家战略高度强化生物技术与信息科技等的交叉融合,发挥引领和辐射作用,预示着生物技术将加速成为未来军事变革和大国博弈的战略新高地。美国国防部2013—2017年科技发展"五年计划"提出的六大颠覆性基础研究领域中,生物学相关研究占一半。《华盛顿邮报》报道,为了探究反生物武器之道,美军也在开发武器级病原体库。俄罗斯、日本等很多国家也展开了研究。要想不受制于人,必须抓紧展开研究,在生物技术军事化应用上形成战略制衡能力,并开展生物技术相关装备研制研发工作,同时,基于生物安全启动装备维修保障的相关论证工作,以确保装备性能的高度稳定可靠。其一是强化基础研究,开展前瞻布局,在脑控、控脑、人体效能增强等前沿领域部署重大项目,加强颠覆性生物技术军事化应用研究。其二是依托军队组建包含军事神经认知学、基因组学、蛋白质组学、微生物组学、空间生物医学的军事生物技术研究中心,加强源头创新,着力突破颠覆性生物技术军事化应用的关键性技术。

二、需要构建新的保障体系

生物安全是国家核心利益的重要保证。一个国家如果出现生物安全问题,必将严重影响民众健康、经济运行、社会秩序、国家安全和政局稳定。因此,我国需要强化"生物国防"意识,借鉴国际先进的生物安全管理经验,做好生物威胁防御工作。

特别是美国借口伊拉克发展大规模杀伤性武器和生化武器,以及"9·11"恐怖袭击事件和炭疽邮件事件,对生物武器研究大量投入新一轮的人力财力物力,美国采取了包括改组应急体系、增加经费预算、加强生物防御科研等一系列重大举措。尽管许多活动都是在防御性幌子的遮掩之下,但是,生物技术恰恰与其他军事技术不同,能够具备防御功能,至少具有相应的进攻功能,而且一般来说,其研究水平要高于单纯进攻的水平。在它的带动下,世界上许多国家为增强反生物恐怖能力加强了生物武器防护研究。目前,我国逐步建立了病原微生物安全国家重点实验室、国家生物防护装备工程技术研究中心等科技支撑平台,并把军队疾病预防控制机构纳入国家公共卫生体系建设,构建了初步的生物威胁防御体系,在非典型肺炎、高致病性H5N1禽流感等重大传染病疫情防控中发挥了重要作用。但与发达国家相比,我国在生物威胁监测预警、应急处置和科技支撑等方面仍然存在不少薄弱环节,急需从战略规划研究、组织管理体制、科学技术研究、装备保障,尤其是装备维修保障等方面加强体系建设。

三、形成生物安全防范机制

近年来,美国实施了"生物监测计划""生物盾牌计划""生物传感计划"等生物计划,将生物技术列入国家顶层布局,列为未来"改变战争规则、创造战争规则"的颠覆性技术,生物领域成为美军重点资助和发展的八大战略领域之一。2013年,美国发布了为期10年的脑科学研究计划。2014年,DARPA成立生物技术办公室,将生物技术的可控利用列为该局未来四大重点研究领域之一,这标志着美军已把生物技术确立为未来军事革命的战略制高点。

生物安全是国际社会高度关注的安全议题,国际生物安全威胁形势依然严峻,美国和俄罗斯围绕化生武器展开博弈。美国指责俄罗斯企图在英国利用神经毒剂杀害前特工,违反国际法使用化学或生物武器。俄罗斯国防部则指控美国在格鲁吉亚运营秘密生物武器实验室,违反国际公约,对俄罗斯构成直接安全威胁。此外,DARPA资助的"昆虫联盟"项目受到德国和法国科学家公开质疑,认为其可能用于未来新型生物武器研发。

生物技术涉及部门较多,急需以科技发展为契机,强化国家意志,制订战略规划,构建统一指挥、军地互补、部门协同、全民参与的生物技术研究应用新模式,生物技术对研发仪器设备和装备设施要求较高,对设备装备的安全性和稳定性提出了更高的标准,同时,针对装备设备故障的技术防范和隐患排除,需要制定严格的操作规范和标准流程,需要制定应用预案和保障方案。

第十五章 装备维修保障高新技术应用发展趋势

恩格斯曾精辟论述过科学技术对作战方式的影响,他说:"一旦技术上的进步可以用于军事目的,并且已经用于军事目的,它们将立刻几乎强制地而且往往是违反指挥官意志而引起作战方式的改变甚至变革。"当前,以人工智能、区块链、5G等为代表的高新技术呈爆发式增长态势,持续推动科技发展迭代加速。面对高新技术的不断涌现,深刻把握其内涵要义,不断加强战略规划和前沿布局,营造有利于前沿技术发展的创新环境,抢占高新技术竞争前沿,已成为我军事技术实现弯道超车的重要抓手。高新技术对装备维修保障的发展影响巨大。

第一节 装备维修保障高新技术应用面临的困难和制约

美国学者布鲁金斯学会高级会员迈克尔·奥汉隆在分析了历次军事变革后指出,某些情况下,技术创新极为重要,几乎可以独立改变作战的特性。依靠技术创新推动变革是世界各国军队共同的做法,依靠高新技术所孕育的新思路和新方法,通过吸收和运用高新技术,从根本上改变军队的装备维修保障方式,是深化装备维修保障改革,拉动提升装备维修保障效能,实现装备维修保障转型的关键所在。当然,高新技术带来的不仅是机遇,也面临诸多战略风险与制度阻碍,需要从顶层设计和法规制度上进行体系架构,既能促进发展,又能规避风险。

一、战略顶层设计还不够清晰

高新技术作为战略性资源地位尚未凸显,作为基础性资产,以及国家和国民财富的重要地位尚未显现,特别是与之适应的生产关系、制度安排等仍处于空白。当前,我军对高新技术在装备维修保障领域的统筹不够有力,尚未出台权威性强的高新技术应用层面的规划文件,缺乏目标清晰、内容全面的发展路线图,还未建立起配套的法规制度标准体系;尤其是各类装备维修保障信息系统在软件设计、硬件接口等方面标准各不相同,保障数据共享标准尚未统一,数据网络安全标准不够全面,导致装备维修保障信息孤岛依然存在,数据安全存在隐患。此外,各级各部门在高新技术应用管理和建设发展等方面职责不够清晰,工作机制不够顺畅,导致高新技术在装备维修保障领域建设发展缺乏统筹、推进缓慢。

二、基础理论研究还比较薄弱

基础理论是一门学科的基本概念、范畴、判断与推理。对高新技术及其装备维修保障应用的内在联系及其规律的研究,主要是对高新技术和装备维修保障结合方式、影响因素、运用原则、发展趋势的研究。高新技术对现行装备维修保障模式、保障体制影响,研究探讨无人化、智能化等高新技术维修保障运用模式、指挥控制、战术指标,开展无人化、智能化等高新技术维修保障试验验证,以及针对不同作战样式、战场环境背景下,高新技术在装备维修保障领域应用的保障需求、应用途径、保障标准等关键指标的研究。对上述方面的基础理论研究重视不够,还比较薄弱。

三、传统观念束缚还有待突破

近年来,世界各军事强国在高新技术应用层面都取得了较大的突破,在装备保障,尤其是装备维修保障领域都有了实质性的进展。当前,我军在装备维修保障高新技术应用层面,也进行了初步探索实践,在战备训练和演习演练中进行了尝试检验,取得了一定的理论与实践成果。但受传统机械化思维束缚,官兵对高新技术的理解尚处于概念阶段,对高新技术应用对部队作战、装备保障,尤其是装备维修保障带来的深刻影响变化,还缺乏科学客观的认识和定位,还未完全建立高新技术应用背景下,所需的数据意识、智能意识、创新意识等,导致部分官兵对高新技术在装备维修保障的重要性认识不足,推动高新技术及其装备维修保障应用的主动性、创造性不够。

四、技术本身还存在固有瓶颈

虽然高新技术发展日新月异,发展势头迅猛,同时在军事领域也有巨大的应用潜力,但是客观地看,其技术本身还存在一些固有瓶颈,制约和束缚着高新技术的应用。例如,5G 技术在军事应用方面还需要解决一些问题,才能充分发挥其应用潜力。首先,5G 难以实现全域覆盖。5G 还是一种基于基站的移动通信技术,其"终端+基站(接入网)+地面光缆(核心网)"的组成模式,决定了其必须依托庞大的固定基础设施。在未来作战中,战场将存在于远洋、高空、荒漠,甚至太空等作战域,以当前的 5G 技术,难以做到广域覆盖。同时,由于战场环境、作战对手的不确定性,很难进行建设大量基础设施的战场建设,限制了 5G 的军事应用。其次,民为军用的差异要求。民用通信技术的需求已经取代军用需求,成为通信技术发展的驱动力,尽管民用通信技术产生了爆炸性的发展,但是军用通信所面临的挑战,不能完全通过民用技术解决。民用 5G 主要是在同一架构、标准下,为用户提供差异化的服务。而基于 5G 的军用信息网络,不但提出了智能随机组网、分布式智能支持、复杂电磁环境使用等特殊功能要求,也在高速率、低时延、低功耗等指标上提出了更高的性能要求。当前的 5G 技术不能完全达到军用的技战术要求。最后,5G 频谱资源有限。相比于以往的通信技术,5G 需要满足更加多样化的场景和极致性能挑战,需要对支持 5G 标准的频段进行全频段布局。5G 技术中,主要利用低频段进行广域覆盖,利用毫米波频段进行高速传输。然而,在分配频谱资源时,我国面临着前所未有的频谱资源短缺困境,迫切需要明确 5G 频谱布局并确定可用频段。如何在有限的频谱资源下,统筹满足民用和军用的不同需求,成为我国 5G 商业发展和军事应用的重要前提。

五、风险隐患防控压力还较大

近年来,全球大数据战略博弈升级,数据安全与数据防御风险加大,给国家治理带来异常严峻的数据安全隐患,我国维护"数据主权"、数据资产的法律标准框架严重缺失,缺乏有效的大数据思维和法律框架,同时,借助大数据革命,西方等发达国家全球数据监控能力升级,造成我国数据安全和数据防御风险上升。根据"棱镜门"事件披露的信息,部分国家政府和数据公司紧密结成"数据情报联合体",共同对全球数据空间进行整体性监控分析,几乎渗透到中国政府、海关、邮政、金融、铁路、民航等各个领域,构筑"数据霸权"。尤其是"中兴事件"的惨痛教训,更是证明了只有牢牢把握关键核心技术,才能确保立于不败之地。当前,我军以高新技术为代表的智能化装备保障建设同样存在"芯"无力的问题,仍采用国外操作系统,存在安全风险,在数控机床、发动机等关键核心器件方面技术国产化研发进展较慢,高新技术应用普及和创新力度还不够大,影响了装备维修保障效率。另外,部分高新技术保障装备战场适应性较差,既不能满足高原、高温、高湿、高盐等恶劣自然环境要求,也不能满足干扰与反制交织的复杂电磁环境要求。

第二节　推进装备维修保障高新技术应用的对策建议

随着以人工智能、大数据、区块链等为代表的高新技术的蓬勃发展,技术终将被广泛应用于装备维修保障领域,也必将颠覆传统的保障理论、保障样式、保障方法,为了适应保障形态及保障方式的变化,必须充分研究装备维修保障领域高新技术的应用问题。

一、准确把握装备维修高新技术应用的客观规律

历史上维修技术的每一次重大进步,都必然带来装备维修保障方式变革的活跃期,维修技术划时代的进步,必然使维修保障方式发生革命性的变化。维修技术的进步与维修保障方式的变革之间,是一个循环往复、不断发展的过程,即维修技术进步应用于装备维修,进而推动维修保障方式的变革;在维修实践中,维修保障方式又对维修技术提出新的要求,并促进维修技术的发展;维修技术的发展再进一步推动技术保障方式的变革。同时,在军事实践中,必须充分认清人与技术的辩证关系,牢牢把握装备维修高新技

术应用的客观规律;在任何阶段,人都是决定战争胜负的决定因素,是指在历史长河中,人类通过发挥主观能动性,发明创造出新的生产工具,运用到战争中,进而使新的战争形态取代旧的战争形态,固守不前的一方必然会成为战争的失败者,我们不能想当然地把人当作每一次作战、每一次战役,甚至每一次战斗的决定因素,这与强调人的重要性并不矛盾。从装备维修保障具体的技术应用来讲,用什么技术维修装备、就用什么方式组织装备维修,技术决定战术,在对待装备维修高新技术应用问题上,我们应当准确认识到两者之间的相互关系,主动作为,争取成为装备维修高新技术应用的引领者。

二、以高新技术深入应用推动装备维修保障转型

在高新技术的支撑推动下,传统的装备维修保障正向精确装备维修保障转型。"保障资源迷雾"和"保障需求迷雾"一直是困扰装备维修保障工作的一大难题,这种迷雾经常造成装备维修保障工作的模糊性,保障准备的盲目性和保障的被动性,传统保障原则通常强调提供充分的保障,而很少强调精确。例如,在美军保障历史中,鉴于实施精确保障的技术条件的逐步成熟,外军的保障观念正在从越多越好转变为重视精确。

(1)提出了精确保障新概念,初步构建起精确保障的理念。美军为精确保障所下的定义是,在正确的时间、正确的地点,用最少的劳力、手续和费用向士兵提供正确保障的艺术与科学。并指出,精确保障是一个理想,它是一个概念,强调以最有效的方式满足任何特写的保障需求。

(2)提出了实现精确保障的前提。精确保障依赖于准确地掌握保障需求,精确保障依赖于所提供保障的准确性,而精确需求和准确的保障都离不开精确的信息。外军突出强调信息能力对保障能力的增能作用,以及其对整个保障活动的重大影响。指出信息将成为构成保障能力的关键要素。首先,准确、可靠、实时、充分的保障信息,能够使保障指挥决策变得更加科学,从而使保障活动更加高效和精确;其次,保障工作的重心将转向如何充分发挥信息的能力,在继续重视作为保障能力基础的物质因素的同时,应当更加重视如何了解保障资源信息、作战部队的需求信息和怎样传递了解到的信

息,以及怎样利用上述信息对作战部队实施精确保障这类问题上来;再次,就是保障信息管理成为保障管理的主要内容,不仅有能力获取保障信息,而且有能力通过系统的兼容性分离信息,并在协调一致的战场行动中运用信息;最后,明确实现精确保障的技术条件,精确保障的实现离不开一定的技术条件。

现在,信息技术、传感技术等高新技术的飞速发展,使军队生效有能力对保障资源和保障需求了如指掌,而这一目标的实现不仅意味着将更少的物资运往战场,而且意味着精确保障的最终实现,即真正意义上的按需保障。

三、把保障智能化战争作为高新技术应用的基点

近年来,世界主要国家高度重视军事智能化建设和应用,积极准备呼之欲出的智能化战争。保障智能化战争,应当是装备维修保障高新技术应用的最终目标。

(1) 智能化战争扑面而来。战争通常以时代命名,智能化时代取代信息化时代,以智能化战争取代信息化战争,已成为世界军事强国的共识。俄罗斯总统普京表示:"谁成为人工智能领域的领先者,谁将成为世界的统治者。"美军明确把人工智能和自主化作为第三次抵消战略的两大技术支柱,强调人工智能武器将会是继火药和核武器后"战争领域的第三次革命",正在加快智能化战争理论研究,加大军事智能化技术研发和实战应用力度。

(2) 抢占装备保障制高点。从世界军事强国的情况来看,也都把智能化作为未来军事领域的制高点来突破,智能化战争、智能化军队需要智能化保障,果断把智能化保障作为支撑战争的基点,提前施力,才有可能真正实现与世界军事强国占道并跑,并在关键领域领跑。

(3) 大胆推进高新技术在装备维修领域的应用。经过多年的建设,我军高新技术装备维修应用已经取得了长足进展,部分领域已处于世界领先地位,高新技术维修应用业已成为提高装备维修保障能力的主要支撑,各种装备维修信息系统已成为工作的主要手段,具有初步智能化特征的维修设备、维修技术成为保障力的重要增长点,军队大数据工程正在加速推进,官

兵对信息化手段的理解能力不断增强,这为加速推进高新技术装备维修应用打下了坚实的基础。

四、科学规划装备维修高新技术应用的建设流程

科学规划装备维修高新技术应用的建设流程如下:

(1) 要切实搞清维修保障的军事需求。任务牵引发展方向,未来安全环境、战争形态变化对装备维修保障提出了哪些要求,装备维修保障担负职责任务有何变化?这是高新维修技术应用和保障方式建设首先要搞清楚的。推动技术的发展不是军队的核心职能,应用技术用于军队建设管理,完成作战任务才是军队的核心职能,技术不是关键,军事需求才是重点。

(2) 科学规划维修技术发展方向。保障是为作战服务的,现代战场维修技术体系如何构建、力量如何编配、力量如何运用,急需科学规划,通过对我军装备维修技术现状和发展需求分析,可以突出战场抢修新技术、装备先进修复技术、装备状态认知诊断技术3个重点方向和关键技术。

(3) 同步推进装备维修设备建设。装备是技术的物化。维修设备是维修技术的物质形态。目前来看,新技术应用于作战装备远远快于保障装备,要改进机具设备,清理和优化部队级维修工具、仪器的配置,开展与部队级维修工程范围需求,相适应的维修工具和仪器的配套建设。同时,革新改造轻型化、机动化多功能维修工具,研制通用化、组合化、系列化的维修仪器,努力提高维修设备的综合配套水平。

五、依托数据采集和算法模型深化高新技术应用

以高新技术为主体的智能化保障主要是通过海量数据迭代之后,使算法不停地优化、进化,自我学习、进化,最终达到智慧能力。当前,我军军事大数据建设正在展开,要努力吸取我军信息化建设的经验,着力避免我军信息化建设的失误和教育,真正把军事大数据作为智能化军队的基本支撑,作为智能化装备维修保障的基础核心。

(1) 要像淘宝模式收集用户数据一样,采集装备维修保障大数据。在平台设计上,不仅能收集用户基本信息和结果数据,还能对用户每一步操

作、每一步点击等过程数据进行收集,在这些大数据的基础上,就有可能获得提高装备维修保障行动效率的新认识、新收获。

(2)要重视平时大数据的采集,为战时做好数据转化支撑。长期没有打仗,是我军军事能力必须面对的一个重要问题,但并不是说只有打仗才能进步,平时大数据对战斗力同样具有重要作用。美军认为:作战消耗＝平时消耗＋部队机动消耗＋对抗消耗,其中的前两项数据,其实都来源于平时数据的收集掌握,重视平时大数据的采集,对我们研究保障标准、保障规律、制胜机理同样具有重要的作用,必须充分重视起来、真正利用起来。

六、把维修保障智能算法模型研究摆到核心位置

人工智能有算法、计算能力和大数据三大支撑。其中,算法起着核心作用,是军事智能化的"大脑"。目前,人工智能的基本理论和算法模型,基本上都是国外掌握的,我们仍处于"拿来主义"阶段,缺少这个核心支撑,军事智能化领跑只能是一句空话,因此,必须将加强智能算法模型建设摆到核心位置。

(1)坚持"一事一算法"。智能化的显著特点就是"一事一算法",智能化并不能凭空产生,只能依靠相应的算法模型来实现,分析人工智能的理论和实践,就会发现,每一个模仿人类智慧的具体行为,都有一个或者多个算法来实现。军事行动的算法模型,显然更为复杂,每一个军事决策和行动过程的背后,都包含复杂的逻辑计算过程,其算法模型要求必然更加精细。

(2)坚持创新算法模型。近几年智能化取得重大进展的根本原因是算法模型,Alpha Go、AI杀人蜂等智能化产品名声大噪,其根本原因就是具备神经网络等新型算法模型的出现,使人工智能更趋向于人类思维方式。从中可以看出,算法对推动智能化发展的重要性。

(3)坚持军事科研创新。军事行动的智能算法模型主要依靠军队科研机构来开发,由于军事行动具有群体性、对抗性等不同于其他人类智慧的特殊性,研究其智能算法模型,必须要由掌握智能化基本原理、熟悉军事行动规则、具备创新性思维的专业人士共同参与,主要依靠军队科研机构来开发,这也是掌握军事智能化领跑权的关键。例如,美国"第三次抵消战略"的

"设计师"罗伯特·沃克,就在2017年4月首次提出"算法战"的概念,美国国防部为此专门设立了一个算法战跨职能小组,半年时间开发出首批4套智能算法,标志着美军智能化建设逐步进入"快进"模式。

七、积极融入军地一体科学协调发展的重大工程

加快装备维修高新技术的应用发展,仅靠军队自身不行,必须要借助军地一体深度发展的契机,特别是我国已制订了人工智能的国家规划,并且在很多领域已经具备了在世界上并跑领跑的实力。据此,尽快地把装备维修高新技术应用列入军地一体发展重大工程,借助地方优势达成领跑的整体态势,是实现军事智能化领跑的重要抓手。

(1) 充分发挥国家管理机构的权威性作用。以法规形式,明确把装备维修高新技术应用列入军地一体发展的相关领域,并把其作为一个骨干项目,视情下设装备维修保障高新技术推广专项工作机构,制订顶层规划,形成资源共享共用、军地协同创新的机制,充分借助地方智能化发展的优势,从全国层面,统筹装备维修高新技术的资源、物力、人才等,并抓住几个重点工程,集中优势力量攻关突破。

(2) 大胆借助互联网企业的软硬件开发应用能力。百度、阿里巴巴、腾讯等互联网企业已经掌握了上亿规模用户的资料,随着它们向智慧金融、智慧城市、智慧交通、智慧医疗等行业的渗透,它们掌握的国家层面的核心安全和秘密,实际上已经不亚于军事装备研发的密级。大疆无人机等一些纯个人消费类产品甚至已被外军实战运用。可见,这些企业的技术实力、研发实力、经济实力已经具备承担相关的装备维修保障建设任务的能力,在保留指挥决策等军事核心秘密的前提下,经过保密认证,完全可以把大量装备维修建设任务,特别是硬件建设通过委托给社会资源和地方力量的方式来实现。

八、以科学的试验验证规避高新技术应用风险

外军认为,高新技术应用发展与试验验证是密不可分的,反复进行转型进展评估与验证,是为了评估和完善新理论,确切掌握高新技术应用转化的

进展情况，发现偏差、及时纠正，其中对关键技术的评估难是一项重要内容。对关键技术的评估验证包括可行性、技术成熟度和技术方案的验证。关键技术验证是重要的综合验证法，用来验证一项技术可行性和成熟性。技术验证提供一个相对低费用的方法，在关键技术用于采购程序的系统之前，评估有关技术上的风险和技术上的不确定性。在技术成熟度评价方面，美国和英国进行了研究，并应用于装备采办与保障过程，关键技术的成熟度对项目的成功至关重要，美军对技术成熟度的定义是，用来衡量采用的项目关键技术能满足项目预期目标的程度，技术实用水平是评估技术成熟度的重要指标。技术实用水平提供了一种过程中结构化地描述和度量技术成熟度的方法，这种方法是其他风险评估方法的补充。美国国防部于2011年出版了《英国管理系统技术实用水平指南》，由于技术实用水平的度量工作对改进项目管理和减少项目延迟起到了重要作用，目前，英国在项目采办过程中广泛使用技术实用水平评估。在技术方案验证方面，通过最大限度地综合利用实验机构，运用建模和仿真等手段论证技术方案。在先进方案技术验证项目下，高新技术被设计、应用，然后在实战演习中得到验证，取得人们对该系统用于军事的理解，支援有关作战方案的发展，验证得出结论后，把有限但已验证的能力，进一步结合到装备维修保障需求，将会对提高高新技术应用起到重要的推进作用。

九、加快装备维修高新技术应用的综合配套建设

加快装备维修高新技术应用的综合配套建设包括以下内容：

（1）不断加强装备维修高新技术应用理论研究。基于新型维修技术对现行保障模式、保障体制影响，开展新型维修保障方式应用理论研究、装备维修保障方式基础理论研究，开展维修保障方式影响因素、运用原则、发展趋势研究等，构建维修高新技术应用效能指标体系，研究探讨无人化、智能化维修保障运用模式、指挥控制、战术指标，开展无人化、智能化维修保障试验验证。

（2）完善装备维修高新技术应用信息系统建设。建立维修保障信息系统，以在线预测能力和维修保障能力之间的实时数据链接为基础，重点发展

装备维修信息采集、维修决策质量评估等关键技术,建立集装备状态数据采集、维修信息智能分析、维修方式辅助决策、维修过程交互查询、维修质量实时监控等多功能于一体的装备维修保障新系统,实现装备维修手段智能化。

(3)推进装备维修高新技术应用法规标准建设。做好现行法规标准的立改废工作,着眼装备维修高新技术的推广应用,及时出台新法规标准,针对高新技术带来的组织和技术管理的新特点、新变化,认真梳理分析现行维修法规,及时增加相关规定,装备维修高新技术应用必然带来保障方式的改革,要积极适应新型维修保障方式下维修保障任务需要,修订与新的保障方式不相适应的法规标准内容。

参 考 文 献

[1] 余高达,赵潞生. 军事装备学[M]. 北京:国防大学出版社,2000.
[2] 张召忠,陈军生. 联合战役装备技术保障[M]. 北京:国防大学出版社,2005.
[3] 张炜,舒正平. 军事装备保障学[M]. 北京:国防工业出版社,2015.
[4] 任连生. 基于信息系统的体系作战能力概论[M]. 北京:军事科学出版社,2010.
[5] 赵阵. 军事技术变革影响作战方式研究[M]. 长沙:国防科技大学出版社,2014.
[6] 刘志勤,王兴录. 战时装备保障概论[M]. 北京:军事科学出版社,2002.
[7] 刘林山. 第二届军事大数据论坛论文集[M]. 北京:军事科学院,2019.
[8] 张雪超. 现代信息技术后勤应用[M]. 北京:金盾出版社,2007.
[9] 邻舟,李莹军. 未来战争形态研究[M]. 北京:兵器工业出版社,2019.
[10] 林建超. 世界新军事变革概论[M]. 北京:解放军出版社,2004.
[11] 吴光德,钱大成. 现代军事技术[M]. 北京:解放军出版社,2008.
[12] 周宝曜,刘伟,范承工. 大数据:战略·技术·实践[M]. 北京:电子工业出版社,2013.
[13] 甘翼,南建设,黄金元,等. 信息作战体系架构及关键技术[J]. 指挥控制与仿真,2018,40(1): 9 – 14.
[14] 陈志元,孙玉铭,胡波,等. 区块链技术及其在装备维修管理中的应用探讨[J]. 自动化指挥与计算机,2018(4):40 – 45.
[15] 刘楠,何为. 浅谈区块链技术在军事领域的应用前景[J]. 国防,2019(1):30 – 33.
[16] 高原,刘汉峰,吴超. 区块链技术在军事后勤领域的应用[J]. 空军军事学术,2018(6):85 – 87.
[17] 刘占岭. 外军装备保障转型深化拓展[M]. 北京:国防工业出版社,2019.
[18] 王东晓,詹璇,卜宇. 量子技术颠覆未来作战的新技术[J]. 长缨,2018(5):78 – 80.
[19] 郭继卫. 制生权:军事变革未来的制高点[M]. 北京:解放军出版社,2006.
[20] 李加荣,庄力霞. 军用生物技术[M]. 北京:北京理工大学出版社,2005.
[21] 蓝羽石. 物联网军事应用[M]. 北京:电子工业出版社,2012.
[22] 顾金星,苏喜生,马石. 物联网与军事后勤[M]. 北京:电子工业出版社,2012.
[23] 王福贵,张金岩. 新能源新技术新挑战[J]. 后勤,2016(8):12 – 13.
[24] 许世海. 新能源技术及其军事应用前景[J]. 后勤科技装备,2015(3):52 – 53.
[25] 中国兵工学会. 应用高新技术提高维修保障能力会议论文集[M]. 北京:军事科学出版社,2005.
[26] 小火车,好多鱼. 大话5G[M]. 北京:电子工业出版社,2019.
[27] 徐明星,刘勇,段新星,等. 区块链重塑经济与世界[M]. 北京:中信出版社,2020.
[28] 朱岩,甘国华. 区块链安全技术:现状、问题与进度[J]. 中国计算机学会通讯,2017(5):24 – 25.